Vorkurs Physik fürs MINT-Studium

Patrick Steglich · Katja Heise

Vorkurs Physik fürs MINT-Studium

Grundlagen und Insider-Tipps für Erstis

Patrick Steglich
Faculty of Engineering and Natural
Sciences, Technische Hochschule Wildau
Wildau, Brandenburg, Deutschland

Katja Heise
Berlin, Deutschland

ISBN 978-3-662-62125-7   ISBN 978-3-662-62126-4   (eBook)
https://doi.org/10.1007/978-3-662-62126-4

Die Deutsche Nationalbibliothek verzeichnet diese Publikation in der Deutschen Nationalbibliografie; detaillierte bibliografische Daten sind im Internet über http://dnb.d-nb.de abrufbar.

Einbandabbildung: Tuncay GÜNDOĞDU/Getty Images/iStock

Planung/Lektorat: Margit Maly
Springer Spektrum ist ein Imprint der eingetragenen Gesellschaft Springer-Verlag GmbH, DE und ist ein Teil von Springer Nature.
Die Anschrift der Gesellschaft ist: Heidelberger Platz 3, 14197 Berlin, Germany

Für Mathilda, Karl und Isabella

Vorwort

Sie wollen studieren? Das ist eine großartige Idee. Studieren ist toll. Dabei gehört zu vielen Studiengängen auch das Fach Physik. Hiervon sind vor allem viele Erstis überfordert. Gründe dafür gibt es einige. Fakt ist: Die Durchfallquoten sind hoch. Deshalb bieten viele Hochschulen und Universitäten Physik-Vorkurse an, um die Studierenden fit zu machen, bevor es richtig losgeht. Wir bieten Ihnen das passende Buch dazu.

Physik-Lehrbücher sind oft sehr anspruchsvoll und überfrachtet - und deshalb keine große Hilfe für den Studienstart. Deshalb gehen wir auf die ganz konkreten Bedürfnisse der Studierenden ein, die aus langjähriger Lehrerfahrung bekannt sind.

1. Wir wiederholen physikalische Grundlagen aus der Schule und vermitteln erste Inhalte aus dem Bachelorstudium.
2. Wir erklären, wie sich das Lernen im Studium von der Schule unterscheidet.
3. Wir übersetzen, wie Physiker/-innen und Professor/-innen rechnen und sprechen.
4. Wir weisen auf häufige Fehlerquellen hin und wie Sie sie vermeiden.
5. Wir liefern mehr als 150 Beispiele mit Lösungsweg und über 50 Übungsaufgaben inkl. Lösungen.

Dennoch geht es auch mit diesem Buch nicht ohne Vorbildung, vor allem im Fach Mathematik. Wie Sie Ableitungen, Integrale oder Vektoren berechnen, muss z. B. sitzen, sonst wird es auch hier schwierig.

Irgendwann ist es auf jeden Fall so weit und die ersten Prüfungen in Physik stehen an. Wie gut Sie den Stoff verstanden haben, können Sie mit diesem Buch selbst evaluieren. Wenn Sie hiermit gut zurechtkommen, können Sie schon mal durchatmen. Dann sind Sie gut vorbereitet.

Letztlich liegt es in jedem Fall an Ihnen, ob Sie Erfolg haben. Und da hilft leider erst einmal nur: üben, üben, üben. Beißen Sie sich durch, es lohnt sich – und wir helfen Ihnen dabei.

Berlin   Dr. Patrick Steglich
November 2020   Katja Heise

Inhaltsverzeichnis

Die Sprache der Physik

1.1 Was ist die Sprache der Physik?

Zuerst geht es um das **Einheitensystem,** man könnte auch sagen, die Sprache der Physiker/-innen. Das kennen Sie wahrscheinlich schon aus der Schule. Sie basiert auf den sieben **Basisgrößen** Länge, Masse, Zeit, Stromstärke, Temperatur, Stoffmenge und Lichtstärke. Wer sich hiermit gut auskennt, kann jeden Zustand und jeden Prozess im Universum beschreiben – und wird von allen Physiker/-innen weltweit verstanden. Wie diese Basisgrößen definiert sind, ist u. a. festgehalten im Systèmes International d'Unités der französischen Akademie der Wissenschaft – kurz SI. Tab. 1.1 gibt eine Übersicht über die Basisgrößen.

▶ **Merke**

- Basisgrößen sind unveränderbare Größen.
- Formelzeichen sind die Abkürzungen dieser Größen, Sie verwenden sie zum Rechnen.
- Einheiten teilen die Basisgrößen in bestimmte Maße ein.
- Einheitenzeichen sind die Abkürzungen dieser Einheiten, Sie verwenden sie zum Rechnen.

Um mit diesen Einheiten zu arbeiten, müssen Sie allerdings noch etwas ergänzen: eine quantitative Komponente. Klar, denn um etwa eine Länge zu bestimmen, reicht es nicht einfach zu sagen: Sie beträgt Meter. Brauchbar wird das erst, wenn es heißt: Die Länge beträgt z. B. einen Meter. Aber wer hat eigentlich entschieden, wie lang ein Meter sein soll? Die Franzosen orientierten sich damals an in der Natur vorgegebenen und damit unveränderbaren Gegebenheiten.

© Springer-Verlag GmbH Deutschland, ein Teil von Springer Nature 2021
P. Steglich und K. Heise, *Vorkurs Physik fürs MINT-Studium,*
https://doi.org/10.1007/978-3-662-62126-4_1

Tab. 1.1 Physikalische Einheiten des SI-Systems

Basisgröße	Einheitenzeichen	Einheit	Formelzeichen
Länge	m	Meter	l
Masse	kg	Kilogramm	m
Zeit	s	Sekunde	t
Elektrische Stromstärke	A	Ampere	I
Temperatur	K	Kelvin	T
Stoffmenge	mol	Mol	n
Lichtstärke	cd	Candela	I_L

Dabei bekommen wir es jetzt allerdings mit ein paar komplizierten Definitionen zu tun, und auch mit Wörtern, die Ihnen vielleicht chinesisch vorkommen. Keine Sorge, das ist vor allem Stoff für Studierende, die Physik als Hauptfach gewählt haben. Wenn Sie nicht zu dieser Gruppe gehören, werden Sie das nicht auswendig lernen müssen. Trotzdem steht es in diesem Buch. Denn tatsächlich ist es oft wichtig, etwas einmal „gehört zu haben". Das erleichtert die Einordnung der Lehrinhalte – und schützt Sie davor, sich in der Physikvorlesung „verloren" zu fühlen.

1.1.1 Die Definition der Basisgrößen

- Als Erstes soll es um die Basisgröße der **Länge** l gehen. Sie wird in der Einheit Meter m angegeben. Laut SI entspricht ein Meter dem Weg, den das Licht im Vakuum während der Dauer von 1/299.792.458 s zurücklegt. Es gibt aber auch ein paar kleine Ausnahmen: Arbeiten wir mit einem Koordinatensystem, kann es passieren, dass die Länge als x daherkommt. Das machen viele Physiker/-innen der Einfachheit halber, um die Länge in Richtung der x-Achse zu beschreiben. Ein anderer Fall: Wenn Sie einen Raum definieren wollen, gilt auch oft r oder s für die Länge.
- Eine weitere Basisgröße ist die **Masse,** sie wird in Kilogramm angegeben. Hier orientieren wir uns am sog. Urkilogramm – einem Zylinder aus Platin-Iridium, der im Internationalen Büro für Maß und Gewicht (BIPM) in Sèvres bei Paris aufbewahrt wird.
- Die **Zeit** als Basisgröße wird in Sekunden s angegeben. Eine Sekunde ist das 9.192.631.770-Fache der Periodendauer, der dem Übergang zwischen den beiden Hyperfeinstrukturniveaus des Grundzustandes von Atomen des Nuklids ^{133}Cs entsprechenden Strahlung. Damit dürfte auch klar sein, woher Ihre Atomuhr, ihren Namen hat.
- Als Nächstes schauen wir uns die **elektrische Stromstärke** an, die wir im Folgenden nur Stromstärke nennen. Ihre Einheit ist Ampere, benannt nach dem französischen Physiker André-Marie Ampère. Sie steht für den Strom, der im Vakuum

durch zwei parallele, geradlinige und unendlich lange im Abstand von 1 m voneinander angeordnete Leiter von vernachlässigbar kleinem, kreisförmigem Querschnitt fließt – und dabei zwischen diesen Leitern pro Meter Leiterlänge die Kraft $2 \cdot 10^{-7}$ N hervorruft.

- Die nächste Basisgröße ist die **Temperatur.** Das Kelvin, die Einheit der Temperatur, ist der 273,16te Teil der Temperatur des sogenannten Tripelpunktes des Wassers.
- Eine weitere Basisgröße ist die **Stoffmenge,** angegeben in Mol. Ein Mol ist die Stoffmenge eines Systems, das aus ebenso vielen Einzelteilchen besteht, wie Atome in 0,012 kg des Kohlenstoffnuklids ^{12}C enthalten sind.
- Fehlt noch die Basisgröße **Lichtstärke.** Sie arbeitet mit Candela, definiert als die Lichtstärke in einer bestimmten Richtung einer Strahlungsquelle, die monochromatische Strahlung der Frequenz $540 \cdot 10^{12}$ Hz aussendet und deren Strahlstärke in dieser Richtung (1/683) Watt durch Steradiant beträgt. Die Frequenz $540 \cdot 10^{12}$ Hz entspricht einer Wellenlänge von 555 nm, einer gelbgrünen Spektralfarbe, auf die das Auge übrigens besonders empfindlich reagiert.

Raucht der Kopf? Keine Sorge, Ihr/e Professor/-in wird – wie erwähnt – wahrscheinlich nicht (!) fordern, dass Sie das auswendig lernen.

1.1.2 Nicht-elementare Größen

Ein weiterer wichtiger Baustein der Physik-Sprache sind nun die sog. **nicht-elementaren Größen.** Auch diese müssen Sie gut kennen. Allerdings lassen diese sich im Zweifel auch aus den Basisgrößen ableiten bzw. aus deren Einheiten zusammensetzen.

Ein Beispiel: Zur nicht-elementaren Größe „Kraft" gehört die Einheit Newton. Sie ist zusammengesetzt aus den Einheiten der Basisgrößen der Masse kg und der Geschwindigkeit m/s^2. Tab. 1.2 gibt eine Übersicht nicht-elementarer Größen, ihren Einheiten, sowie zusammengesetzten Einheiten.

Übrigens: Beim Pauken der Formelzeichen, hilft zu wissen, dass sie oft aus dem Englischen abgeleitet sind: Das F für Kraft stammt von Force, das p für Druck stammt von Pressure, das W für Arbeit stammt von Work und das P der Leistung steht für Power. Außerdem gut zu wissen ist, wie Professor/-innen darauf hinweisen, dass sie nun mit einer bestimmten Einheit arbeiten. Um diese einzuführen, wird eine eckige Klammer genutzt. Z. B. so:

$$[F] = N \tag{1.1}$$

Übersetzt heißt das: Für F (Kraft) arbeiten wir mit der Einheit N (Newton) und nicht mit der entsprechenden SI-Einheit.

Tab. 1.2 Abgeleitete physikalische Einheiten des SI-Systems mit selbstständigen Namen

Basisgröße	Formelzeichen	Einheit	Einheitenzeichen	Umrechnung in SI-Einheiten
Kraft	F	Newton	N	$kg \cdot m/s^2$
Druck	p	Pascal	Pa	$kg/m \cdot s^2$
Spannung	U	Volt	V	$kg \cdot m^2/A \cdot s^3$
Leistung	P	Watt	W	$kg \cdot m^2/s^3$
Frequenz	f	Hertz	Hz	$1/s$
Energiedosis	D	Gray	Gy	m^2/s^2
Äquivalentdosis	H	Sievert	Sv	m^2/s^2
Radioaktivität	A	Becquerel	Bq	$1/s$
Energie	E	Joule	J	$kg \cdot m^2/s^2$
Arbeit	W	Joule	J	$kg \cdot m^2/s^2$
Elektrische Ladung	Q	Coulomb	C	$A \cdot s$
Elektrischer Widerstand	R	Ohm	Ω	$kg \cdot m^2/A^2 \cdot s^3$
Induktivität	L	Henry	H	$kg \cdot m^2/A^2 \cdot s^2$
Kapazität	C	Farad	F	$A^3 \cdot s^4/kg \cdot m^2$
Elektrischer Leitwert	G	Siemens	S	$A^2 \cdot s^3/kg \cdot m^2$
Elektrischer Fluss	Φ_e	Coulomb	C	$A \cdot s$
Magnetischer Fluss	Φ_m	Weber	Wb	$kg \cdot m^2/A \cdot s^2$
Magnetische Flussdichte	B	Tesla	T	$kg/A \cdot s^2$

Beispiel

Wir führen die Einheiten für folgende Größen ein: Länge, Zeit und Temperatur.
Lösung: Um das Meter für die Größe Länge einzuführen, schreiben Sie $[l] = m$.
Um Sekunde für die Größe Zeit einzuführen, schreiben Sie $[t] = s$.
Um Kelvin für die Größe Temperatur einzuführen, schreiben Sie $[T] = K$

1.1.3   Untereinheiten und Vorsätze

Aus dem Alltag kennen Sie nicht nur Meter, sondern auch Millimeter oder Kilometer. Neben der Sekunde kennen Sie auch die Stunde oder Minute. Das sind die sog. **Untereinheiten.** Um sie zu bilden, lassen sich die Einheiten selbst fast alle dezimal vervielfachen oder unterteilen. Ein Meter entspricht z. B. zehn Dezimeter – sind hundert Zentimeter – sind tausend Millimeter. Allein die Zeit bildet hier eine

Tab. 1.3 Vorsätze für physikalische Einheiten

Symbol	Name	Größe	
Y	Yotta	10^{24}	Quadrillion
Z	Zetta	10^{21}	Trilliarde
E	Exa	10^{18}	Trillion
P	Peta	10^{15}	Billiarde
T	Tera	10^{12}	Billion
G	Giga	10^{9}	Milliarde
M	Mega	10^{6}	Million
k	Kilo	10^{3}	Tausend
h	Hekta	10^{2}	Hundert
da	Deka	10^{1}	Zehn
–	–	10^{0}	Eins
d	Dezi	10^{-1}	Zehntel
c	Zenti	10^{-2}	Hundertstel
m	Milli	10^{-3}	Tausendstel
μ	Mikro	10^{-6}	Millionstel
n	Nano	10^{-9}	Milliardstel
p	Piko	10^{-12}	Billionstel
f	Femto	10^{-15}	Billiardstel
a	Atto	10^{-18}	Trillionstel
z	Zepto	10^{-21}	Trilliardstel
y	Yokto	10^{-24}	Quadrillionstel

Ausnahme. Hier sind es Sechzigerschritte. Eine Stunde entspricht sechzig Minuten – sind 3600 s usw.

Diese Untereinheiten sind sehr nützlich, wenn es ans Rechnen geht, nicht zuletzt, um Ihnen eine Menge Schreibarbeit zu ersparen. Klar, anstatt „der Luftdruck ist 0,007 bar", schreiben Sie lieber „der Luftdruck ist 7 mbar". Das m ist dabei ein sog. **Vorsatz einer Einheit** und steht für „milli", also einem Tausendstel der physikalischen Größe. Eine Übersicht der Vorsätze bzw. Größenordnungen finden Sie in Tab. 1.3.

Beispiel

Wir hatten bereits Kilogramm als Einheit für Masse eingeführt. Ein Kilogramm ist tausend Gramm.

$$1 \, \text{kg} = 1 \cdot 10^3 \, \text{g} = 1000 \, \text{g} \tag{1.2}$$

Bei sehr kleinen Zahlenangaben, nutzen Sie z. B. Milli. Ein tausendstel Meter ist also ein Millimeter.

$$1 \, \text{mm} = 1 \cdot 10^{-3} \, \text{m} = 0,001 \, \text{m} \tag{1.3}$$

Geht es ans Rechnen, können wir übrigens nicht nur Einheiten herauskürzen, sondern auch Vorsätze. Teilen wir beispielsweise einen Gigameter durch einen Megameter, so erhalten wir einen Kilometer. Es gilt also

$$\frac{1\,\text{Gm}}{1\,\text{Mm}} = \frac{1 \cdot 10^9\,\text{m}}{1 \cdot 10^6\,\text{m}} = \frac{1.000.000.000\,\text{m}}{1.000.000\,\text{m}} = 1 \cdot 10^3\,\text{m} = 1\,\text{km.} \qquad (1.4)$$

Übrigens: Das SI ist zwar das am weitesten verbreitete Regelwerk weltweit, doch gibt es auch andere Systeme. Z. B. rechnen die Amerikaner auch heute noch gerne mit „inch" und „feet". Diese Maße können Sie im Studium aber getrost links liegen lassen.

1.2   Die Sprache der Physik anwenden

Die Sprache der Physik kennen Sie jetzt. Als Nächstes sollen Sie lernen, damit zu „sprechen". Und damit geht's ans Eingemachte. Denn hieran zeigt sich, wie sehr sich die Physik in der Schule von der Physik im Studium unterscheidet.

1.2.1   Fehlende Konventionen

Anders als in der Schule dürfen – und werden – alle Variablen und Größen im Studium beliebig benannt. Es gibt keine zwingenden Konventionen. Wir werden in den folgenden Kapiteln immer wieder auf diese Freiheit (oder Inkonsequenz) der Physiker/-innen hinweisen.

Ein Beispiel aus der Elektrizität zeigt, was gemeint ist: Wir verwenden in diesem Buch für die Elementarladung e. Je nachdem, ob es sich um ein Elektron oder ein Proton handelt, ändert sich das nur das Vorzeichen, der Betrag bleibt gleich. Andere Bücher und Professor/-innen hingegen unterscheiden zwischen e für Elektronen und p für Protonen. Wieder andere bevorzugen, q_e und q_p. Ähnlich uneinheitlich geht es bei der elektrischen Ladung zu: Wir verwenden hier Q. Andere geben q an oder unterscheiden zwischen Q_p und Q_e. Daher ist es wichtig, dass Sie sich immer wieder aufs Neue selbst klarmachen, worum es in einem konkreten Fall geht.

1.2.2   Indizes

Indizes liefern Informationen über Positionen, Richtungen, Zeitpunkte oder physikalische Zustände. Üblicherweise werden sie unten links am Formelzeichen angeheftet. Sie *dürfen* sie aber auch unten rechts oder oben anschreiben. Außerdem können (*und müssen*) Sie auch mehrere Indizes aneinanderreihen, falls nötig. Auch Indizes sind dabei von den fehlenden Konventionen betroffen und können beliebig definiert sein. $1, 2, x$ oder y können für einen Ort stehen, für die Richtung oder aber auch zwei unterschiedliche Körper unterscheiden. Das hängt ganz vom Zusammenhang ab und kann

Anfänger leicht verwirren. Obwohl Indizes nicht schwierig sind, scheitern hier viele Studierende, wie die Erfahrung zeigt. Das liegt auch daran, dass Professor/-innen das Thema nicht (genügend) erklären, vielleicht, weil sie es für selbstverständlich halten. Ein Grund mehr, im Laufe der nächsten Kapitel intensiv zu üben.

1.2.3 Konstanten anstatt Zahlen

Jetzt schauen wir uns an, wie sich Funktionen im Studium von der Schule unterscheiden. Denn beim Rechnen werden Sie in der Physikvorlesung anstatt auf konkrete Zahlen oft auf Konstanten treffen. Ein Beispiel: In der Schule ist es üblich, eine Funktion, die von der Variablen x abhängt, wie folgt zu definieren:

$$f(x) = 15x^2 + 5 \tag{1.5}$$

Wenn wir die Ableitung bilden, so erhalten wir:

$$f'(x) = 30x \tag{1.6}$$

Im Studium könnte die gleiche Funktion wie folgt aussehen:

$$f(x) = ax^2 + b \tag{1.7}$$

Dabei stehen a und b für beliebigen Zahlen. Wichtig ist nur: a und b sind konstante Zahlen, genauso wie 15 und 5. Die Ableitung dieser Funktion ist dann:

$$f'(x) = 2ax \tag{1.8}$$

In der Schule wurde zudem Wert darauf gelegt, dass Sie die Funktion als $f(x)$ bezeichnen. In den meisten Lehrbüchern für das Studium werden Sie es aber anders finden.

Ein konkretes Beispiel: Der Weg eines Autos wird mit einer Funktion beschrieben, die von der Zeit abhängt. Statt f wie Funktion verwenden wir in der Physik das Formelzeichen. Für den Weg in Abhängigkeit der Zeit schreiben wir also $x(t)$ und verkürzt nur x. Es handelt sich also um den Weg in x-Richtung. Bitte schauen Sie sich dazu als Beispiel die Gl. 2.19 an. Diese verkürzte Schreibweise werden wir auch in diesem Buch verwenden.

Hier heißt es oft verkürzt: $f(x) = f$. Damit folgt für unser Beispiel:

$$f = ax^2 + b \tag{1.9}$$

1.2.4 Komplexe Formeln

Und jetzt noch ein weiterer Hinweis, warum es so wichtig ist, sich in der Formel-sprache und ihren Tücken zuhause zu fühlen. Im Studium werden Formeln und Rechnungen schnell sehr komplex. Das liegt daran, weil (annähernd) alle Einflüsse der Natur berücksichtigt werden. Hier geht es also um Vollständigkeit. Der Grund dafür ist klar: Sie sollen befähigt werden, Ihr Wissen auf den Praxisalltag zu über-tragen. Ein Beispiel: Schon in der Oberstufe haben Sie physikalische Gesetze mit mathematischen Formeln beschrieben. Die Kraft etwa wird mit

$$F = ma \tag{1.10}$$

berechnet, also als Produkt aus Masse m und Beschleunigung a. In der Schule war das gut so – und ist auch nicht falsch.

Im Studium und in der Praxis benötigen wir allerdings mehr Information. Immer-hin wollen Sie mit Ihren Berechnungen tatsächlich irgendwann arbeiten – z. B. als Ingenieur eine Brücke bauen. Sie sollten also zusätzlich wissen: 1) In welche Rich-tung wirkt die Kraft? 2) An welchem Ort wirkt die Kraft? Das sieht dann so aus:

$$F_{x1} = m_1 a_{x1} \tag{1.11}$$

Dabei steht x für die Richtung und 1 für den Ort.

Die nun folgenden Kräfte wirken auf Ihre neue Brücke. Mit Hilfe der Indizes können Sie als Ingenieur jetzt erkennen, in welche Richtung und an welchem Ort diese Kräfte wirken: $F_{y1} = m_1 a_{y1}$, $F_{x2} = m_2 a_{x2}$ und $F_{y2} = m_2 a_{y2}$

Wenn man jetzt noch Zahlenwerte ergänzt, die wir uns an dieser Stelle einfach einmal ausgedacht haben, sieht das folgendermaßen aus:

$F_{y1} = 550\,\text{N}$, $F_{x1} = 520\,\text{N}$, $F_{x2} = 400\,\text{N}$ und $F_{y2} = 480\,\text{N}$

1.2.5 Infinitesimalrechnung: Weg-, Flächen- und Volumenelement

Wenn Sie gut verinnerlichen, was jetzt kommt, haben Sie einen immensen Vorsprung gegenüber vielen anderen Studierenden. Es geht um sog. „infinitesimale Größen", die Sie vielleicht bereits aus der Differential- und Integralrechnung aus der Schule kennen. Viele Aufgabenstellungen im Studium lassen sich nicht ohne sie lösen. Dabei bedeutet das Wort infinitesimal in etwa „zum Grenzwert hin unendlich klein werdend" oder auch einfach „sehr kleines Stück".

Aber Achtung, im Gegensatz zur Schule ist die Anwendung im Studium etwas komplexer. Aus der Oberstufe kennen Sie vielleicht den folgenden infinitesimalen Ausdruck: dx. Er bedeutet so viel wie: Wir betrachten einen infinitesimalen Weg in x-Richtung. dt wiederum bedeutet, dass wir eine infinitesimale Zeit betrachten. Dabei ist es in der Schule üblich, dass die Gleichungen von Variablen wie dem x abhängen, wie z. B.: $x^3 + 2x = 20$. Im Studium aber werden infinitesimalen Größen selbst wie Variablen behandelt – wir können Sie also auch umstellen, herauskürzen oder multiplizieren.

Das gilt z. B. für ein **infinitesimales Wegelement**. Es handelt sich also um ein sehr kleines Stück des Weges. Wir schreiben dx.

Ein weiteres Beispiel ist das **infinitesimales Flächenelement**. Als Fläche handelt es sich um das Produkt der Seitenlängen, d. h., Sie müssen zwei infinitesimale Wegelemente miteinander multiplizieren:

$$dA = dx\,dy \qquad (1.12)$$

Das **infinitesimale Volumenelement** wiederum ergibt sich auf dem Produkt dreier Seitenlängen. Sie multiplizieren also drei infinitesimale Wegelemente miteinander.

$$dV = dx\,dy\,dz \qquad (1.13)$$

Es können natürlich auch Zeit (dt), Winkel (dα) oder Masse (dm) usw. infinitesimal sein.

1.2.6 Infinitesimalrechnung: Anwendung im Studium

Bei der Anwendung der Infinitesimalrechnung im Studium oder in der Praxis kann es vorkommen, dass nicht alle in einer Gleichung verwendeten Größen sehr klein sind. Sie werden auch auf folgende Gleichungen treffen:

$$dV = x\,y\,dz \qquad (1.14)$$

Hierbei werden die beiden Seitenlängen x und y mit dem infinitesimalen Wegelement dz multipliziert, um das infinitesimale Volumenelement dV zu erhalten. Es kommt nur darauf an, dass mindestens eine der Größen infinitesimal ist. Oder anders gesagt: Ist eine Größe infinitesimal, muss auch das resultierende Ergebnis infinitesimal sein.

Wir machen weiter mit einem Beispiel aus der Schule, um anschließend die Unterschiede im Studium zu demonstrieren.

Aus der Schule kennen Sie sicherlich die folgende Gleichung. Es handelt sich um die Geschwindigkeit:

$$v = \frac{s}{t} \qquad (1.15)$$

Jetzt multiplizieren wir beide Seiten der Gleichung mit der Zeit t und erhalten:

$$vt = \frac{s}{t}t \qquad (1.16)$$

Durch Umstellen der Variablen erhalten wir:

$$vt = \frac{t}{t}s \qquad (1.17)$$

Wir kürzen die Zeit t auf der rechten Seite der Gleichung und erhalten:

$$vt = s \qquad (1.18)$$

Das war einfach. Jetzt schauen wir uns eine vergleichbare Rechnung mit infinitesimalen Größen an, wie es im Studium auf Sie zukommen wird.

Die folgende Gleichung beschreibt momentane Geschwindigkeit (Was ist das? Nachlesen in Kap. 2) in x-Richtung:

$$v_x = \frac{\mathrm{d}x}{\mathrm{d}t} \qquad (1.19)$$

Jetzt multiplizieren wir beide Seiten der Gleichung mit $\mathrm{d}t$. Wir erhalten:

$$v_x \mathrm{d}t = \frac{\mathrm{d}x}{\mathrm{d}t}\mathrm{d}t \qquad (1.20)$$

Das können wir umschreiben zu:

$$v_x \mathrm{d}t = \frac{\mathrm{d}t}{\mathrm{d}t}\mathrm{d}x \qquad (1.21)$$

Hier sehen wir, dass sich die beiden infinitesimalen Größen $\mathrm{d}t$ herauskürzen. Damit bleibt Folgendes übrig:

$$v_x \mathrm{d}t = \mathrm{d}x \qquad (1.22)$$

Das Rechnen bleibt also dasselbe – auch mit infinitesimalen Größen. Abb. 1.1 zeigt noch einmal, wie es gemeint ist. Sicher ist das nicht schwierig. Vielleicht gerade deshalb, wird es von Professoren/-innen in der Vorlesung nicht kommentiert. Dies wiederum lässt Studienanfänger/-innen aber oft genug fragend zurück.

Abb. 1.1 Infinitesimales
Weg-, Flächen- und
Volumenelement

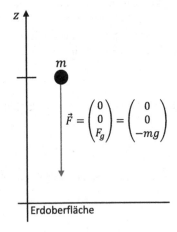

1.3 Kurz und knapp: Das gehört auf den Spickzettel

- Die französischen SI-Erfinder orientierten sich bei den Größen an unverrückbaren Gegebenheiten der Natur.
- Es gibt sieben SI-Einheiten: Länge, Zeit, Masse, Temperatur, elektrische Stromstärke, Stoffmenge, Lichtstärke
- Nicht-elementare Größen lassen sich aus den Basisgrößen ableiten bzw. aus deren Einheiten zusammensetzen.
- Eckige Klammern = Einführung einer Einheit ($[l] = m$)
- Einheiten lassen sich mit Vorsätzen in Untereinheiten umwandeln, dezimal vervielfachen oder unterteilen. Die Zeit bildet eine Ausnahme.
- Indizes sind kleine Zeichen neben, über und/oder unter einem Formelzeichen. Sie können beliebig definiert werden und liefern Informationen über Positionen, Richtungen, Zeitpunkte oder physikalische Zustände.
- Statt mit konkreten Zahlen ($15x^2 + 5$) wird im Studium oft mit Konstanten gerechnet ($ax^2 + b$).
- Das Wort infinitesimal bedeutet in etwa „zum Grenzwert hin unendlich klein werdend" oder auch ein „sehr kleines Stück".

1.4 Alles klar? Testen Sie sich selbst!

Folgende Aufgaben könnten Sie in der schriftlichen Prüfung erwarten.

1. Welche der folgenden physikalischen Größen sind abgeleitete Größen?
   Masse m, Geschwindigkeit v, Weg s, Temperatur T, Druck p, Kraft F, elektrische Spannung U, elektrische Stromstärke I, Drehmoment M, Zeit t, Vorschub f, Drehzahl n, Fallbeschleunigung g.
2. Welches sind die sieben Basisgrößen in der Physik?
   a. Kraft, Länge, Zeit, Temperatur, Spannung, Stoffmenge, Lichtstärke
   b. Länge, Zeit, Geschwindigkeit, Temperatur, Frequenz, elektrische Stromstärke, Masse
   c. Länge, Zeit, Masse, Temperatur, elektrische Stromstärke, Stoffmenge, Lichtstärke
   d. Elektrische Ladung, Gravitation, Brechungsindex, elektrischer Widerstand, Lichtgeschwindigkeit, Feldstärke, Energie

3. Nennen Sie die SI-Basiseinheiten:
   a. m, s, kg, A, K, mol, cd
   b. V, N, A, s, lm, mol, °C
   c. C, F, N, m, s, A, V
   d. J, cal, N, W, Pa, m, s
4. Rechnen Sie in Meter um:
   $4,5\,\text{mm}$; $12 \cdot 10^3\,\text{nm}$; $4,3 \cdot 10^7\,\text{pm}$; $5,3 \cdot 10^4\,\text{dm}$; $0,02\,\text{Gm}$; $1,768\,\text{km}$.
5. Rechnen Sie in Kilogramm um:
   $4\,\text{mg}$; $5,2 \cdot 10^{-3}\,\text{g}$; $2345\,\text{mg}$; $1,2 \cdot 10^8\,\mu\text{g}$; $0,45 \cdot \text{dg}$; $9 \cdot 10^5\,\text{g}$.
6. Rechnen Sie in km/h um:
   $10\,\text{m/s}$; $0,5\,\text{m/s}$; $4,5 \cdot 10^3\,\text{m/min}$; $8400\,\text{km/s}$.
7. Rechnen Sie in m/s um:
   $36\,\text{km/h}$; $108\,\text{km/h}$; $7 \cdot 10^3\,\text{km/s}$; $24\,\text{m/min}$; $100\,\text{km/h}$.

Folgende Aufgaben könnten Sie in der mündlichen Prüfung erwarten:

1. Wie viele Basisgrößen gibt es im SI-System?
2. Nennen Sie alle Basisgrößen im SI-System.
3. Was ist der Unterschied zwischen elementaren und nicht-elementaren Größen?
4. Was sind abgeleitete Einheiten?
5. Was sind Untereinheiten und welche Sonderrolle nimmt die Zeit dabei ein?

Kinematik

2

2.1 Was ist Kinematik?

„Kinema" ist griechisch und bedeutet Bewegung. Daraus wurde Kinematik, die Bewegungslehre. Konkret heißt das, es geht um die physikalischen Größen Zeit und Ort, Beschleunigung und Geschwindigkeit. Kinematik gehört gemeinsam mit der Dynamik zum großen Feld der Mechanik.

2.2 Geschwindigkeit

Zuerst zur Geschwindigkeit. Um sie zu berechnen, brauchen Sie Angaben zu Zeit und Ort des bewegten Objekts:

$$v = \frac{s}{t} \tag{2.1}$$

Diese Formel werden Sie in vielen Lehrbüchern finden. Sie ist allerdings sehr ungenau. Sie können z. B. nicht erkennen, in welche Richtung die Bewegung verläuft. Außerdem fehlt die Info, um welche Art von Geschwindigkeit es sich handelt. Physiker/-innen unterscheiden nämlich zwischen mittlerer Geschwindigkeit und momentaner Geschwindigkeit:

▶ **Merke** Bei mittlerer Geschwindigkeit geht es um die Durchschnittsgeschwindigkeit während eines konkreten Zeitraums. Bei momentaner Geschwindigkeit geht es um die Geschwindigkeit zu einem konkreten Zeitpunkt.

Wie Sie diese Infos in eine Formel packen, schauen wir uns jetzt im Detail an. Wir beginnen mit der mittleren Geschwindigkeit.

© Springer-Verlag GmbH Deutschland, ein Teil von Springer Nature 2021
P. Steglich und K. Heise, *Vorkurs Physik fürs MINT-Studium,*
https://doi.org/10.1007/978-3-662-62126-4_2

2.2.1 Mittlere Geschwindigkeit

▶ **Merke** Wenn wir den Weg von x_1 bis x_2 kennen, den ein Objekt in der Zeit
von t_1 bis t_2 zurückgelegt hat, können wir die **mittlere Geschwindigkeit**
berechnen.

$$\bar{v}_x = \frac{\Delta x}{\Delta t} = \frac{x_2 - x_1}{t_2 - t_1} \qquad (2.2)$$

- Das v steht für Geschwindigkeit. Der Strich darüber $\bar{v}$ zeigt an, dass es sich um
  die mittlere Geschwindigkeit bzw. Durchschnittsgeschwindigkeit handelt.
- An dieser Stelle gibt der Index Aufschluss über die Richtung. Wir sprechen in
  diesem Fall also von der **mittleren Geschwindigkeit** in x-Richtung. Die dazu passende Funktion sehen wir in Abb. 2.1. Wir bezeichnen sie als Weg-Zeit-Funktion,
  da wir den Weg in Abhängigkeit der Zeit betrachten.
- Ein Δ (gspr. Delta) vor einer Variabel bedeutet, dass es sich um eine Differenz
  handelt. In diesem Fall ist es eine Wegdifferenz $\Delta x = x_2 - x_1$ und eine Zeitdifferenz $\Delta t = t_2 - t_1$.
- Wir sprechen zudem von einer **gleichförmigen Bewegung**, da die Geschwindigkeit konstant ist.

Beispiel

Ein Auto fährt mit konstanter Geschwindigkeit auf einer 300 m langen, geraden
Strecke. In der Zeit von 10 s bis 20 s nach Fahrtbeginn befindet sich das Fahrzeug
auf dem Streckenabschnitt zwischen 100 m bis 220 m. Wir berechnen die mittlere
Geschwindigkeit des Fahrzeugs auf diesem Streckenabschnitt.

Lösung: In der Schule hätten Sie sich für eine solche Aufgabe wahrscheinlich
allein auf die vorgegebene Zeit- und Wegdifferenz konzentriert und die Aufgabe
so gelöst:

$$v = \frac{\Delta s}{\Delta t} = \frac{120}{10} \frac{\text{m}}{\text{s}} = 12 \frac{\text{m}}{\text{s}} \qquad (2.3)$$

Abb. 2.1 Weg-Zeit-
Funktion einer
gleichförmigen Bewegung in
x-Richtung

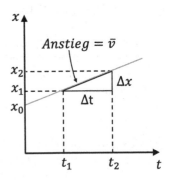

Das Ergebnis ist nicht falsch. Doch – wie schon erwähnt – zu unpräzise für die Praxis. Deshalb lösen wir die Aufgabe jetzt wie im Studium üblich. Da die Richtung der Bewegung nicht klar ist, definieren wir sie einfach entlang der x-Achse.

$$\bar{v}_x = \frac{\Delta x}{\Delta t} = \frac{x_2 - x_1}{t_2 - t_1} = \frac{220\,\mathrm{m} - 100\,\mathrm{m}}{20\,\mathrm{s} - 10\,\mathrm{s}} = 12\,\frac{\mathrm{m}}{\mathrm{s}} \tag{2.4}$$

Im Gegensatz zu Gl. 2.3, informiert Gl. 2.4 über alle Zusammenhänge zwischen Ort und Zeit, knackig komprimiert in der Sprache der Physik. In der Praxis – z. B. als Ingenieur – wären Sie jetzt also bestens informiert über Strecken- und Zeitabschnitt sowie die Richtung.

2.2.2 Momentane Geschwindigkeit

Die oben besprochene mittlere Geschwindigkeit ist zugegebenermaßen nicht sehr praxistauglich. Im wahren Leben ändern sich Geschwindigkeiten. Damit handelt es sich dann also um eine **ungleichförmige Bewegung** (Abb. 2.2). Um Probleme mit ungleichförmigen Bewegungen zu lösen, greifen wir auf die momentane Geschwindigkeit zurück. Auch sie ist eine gute Näherung, die Ihnen im Studium nützen wird.

▶ Merke Die **momentane Geschwindigkeit** ist definiert als die zeitliche Ableitung des Weges nach der Zeit:

$$v_x = \frac{\mathrm{d}x}{\mathrm{d}t} = \dot{x} \tag{2.5}$$

- Die **momentane Geschwindigkeit** wird mit einem Punkt über dem x dargestellt.
- Der Punkt ($\dot{x}$) zeigt gleichzeitig an, dass es sich um die zeitliche Ableitung des Weges handelt.

Abb. 2.2 Weg-Zeit-Funktion einer ungleichförmigen Bewegung in x-Richtung; die Steigung der Tangente ist gleich der Geschwindigkeit zum Zeitpunkt t_1

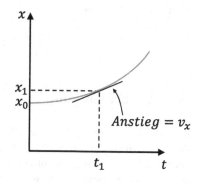

- Die momentane Geschwindigkeit wird durch die Steigung der Weg-Zeit-Funktion definiert. D. h., die Steigung ist gleich der momentanen Geschwindigkeit.
- Der Index (x) an der Geschwindigkeit (v) gibt auch in diesem Fall Aufschluss über die Richtung. Wir sprechen also von der momentanen Geschwindigkeit in x-Richtung.

Hier haben wir also die momentane Geschwindigkeit in x-Richtung beschrieben. Sie ließe sich natürlich auch in y- und z-Richtung definieren. Dabei würde die Geschwindigkeit als v_y und v_z bezeichnet. Aber immer langsam. Wir beschränken uns zunächst auf die Bewegung auf eine gerade Strecke in x-Richtung.

Übrigens

Im (Physik)Studienalltag werden Sie merken, dass sich nicht alle an die SI-Einheiten halten: km/h etwa ist beliebter als m/s. Sie werden also oft umrechnen müssen. Diese Faustregel hilft dabei:

$$Wert \, \frac{km}{h} = \frac{Wert}{3{,}6} \, \frac{m}{s} \qquad (2.6)$$

$$Wert \, \frac{m}{s} = Wert \cdot 3{,}6 \, \frac{km}{h} \qquad (2.7)$$

Beispiel

So rechnen Sie die Geschwindigkeit 60 km/h in SI-Einheiten um:

$$60 \, \frac{km}{h} = \frac{60}{3{,}6} \, \frac{m}{s} = 16{,}7 \, \frac{m}{s} \qquad (2.8)$$

Beispiel

Umgekehrt können Sie 5 m/s in km/h umrechnen:

$$5 \, \frac{km}{h} = 5 \cdot 3{,}6 \, \frac{km}{h} = 18 \, \frac{km}{h} \qquad (2.9)$$

2.3   Beschleunigung

Eng verwandt mit der Geschwindigkeit ist die Beschleunigung – und ebenfalls eine essenzielle Größe, wenn Sie Fragen der Kinematik lösen wollen. Beschleunigung errechnen Sie mit dem Quotienten aus Geschwindigkeitsänderung und Zeitdifferenz. Auch hier unterscheiden wir zwischen mittlerer und momentaner Beschleunigung, ebenfalls gute Näherungen, die Sie im Studium gut gebrauchen können.

2.3.1 Mittlere Beschleunigung

Um mit der **mittleren Beschleunigung** zu rechnen, muss die Beschleunigung konstant sein. Dazu muss man wissen: Auch, wenn sich die Geschwindigkeit nicht ändert, also die Beschleunigung null ist, bezeichnen wir sie als konstant.

▶ Merke Wenn ein Objekt die Geschwindigkeitsänderung Δv in der Zeit Δt erfährt, so besitzt es die **mittlere Beschleunigung:**

$$\bar{a}_x = \frac{\Delta v_x}{\Delta t} = \frac{v_{x2} - v_{x1}}{t_{x2} - t_{x1}} = \frac{\dot{x}_2 - \dot{x}_1}{t_2 - t_1} \qquad (2.10)$$

2.3.2 Momentane Beschleunigung

Verläuft die Beschleunigung nicht konstant und ändert sich mit der Zeit, benötigen Sie zum Rechnen die momentane Beschleunigung:

▶ Merke Die **momentane Beschleunigung** ist definiert als die zeitliche Ableitung der Geschwindigkeit nach der Zeit:

$$a_x = \frac{dv_x}{dt} = \frac{d\dot{x}}{dt} = \ddot{x} \qquad (2.11)$$

Übrigens
Schauen Sie an dieser Stelle noch einmal auf die Indizes. Wir erhalten mit v_{x1} und v_{x2} die Geschwindigkeiten in x-Richtung zu einem bestimmten Zeitpunkt. Die tiefergestellten Zahlen 1 und 2 definieren also zwei unterschiedliche Zeitpunkte.

2.4 Gleichförmige Bewegung

Gleichförmige Bewegungen waren oben schon Thema. Wir schauen sie uns an dieser Stelle trotzdem noch einmal genauer an.

▶ Merke Eine Bewegung ist gleichförmig, wenn ein Körper in gleichen Zeitabschnitten eine gleich lange Strecke zurücklegt.

Um diese zu ermitteln, nutzen wir die Definition der momentanen Geschwindigkeit (Gl. 2.5). Dazu stellen wir zunächst die Gl. 2.5 wie folgt um:

$$v_x \mathrm{d}t = \mathrm{d}x \qquad (2.12)$$

Achtung: Viele Studienanfänger tun sich schwer damit, Differentiale wie z. B. $\mathrm{d}x/\mathrm{d}t$ wie normale Variablen umzustellen. Das sollten Sie jedoch können, denn während der Vorlesung bleibt wenig Zeit für detaillierte Erklärungen.

Gut, dass wir diese Zeit haben: In der Physik arbeiten wir also mit Differentialen, wie z. B. $\mathrm{d}x$, als wären sie unendlich kleine Differenzen. Deshalb behandeln wir auch Differentialquotienten wie einen gewöhnlichen Quotienten aus zwei Variablen. Wir stellen also die Gl. 2.5, d. h. $v_x = \mathrm{d}x/\mathrm{d}t$ um, indem wir beide Seiten der Gleichung mit $\mathrm{d}t$ multiplizieren. Auf der linken Seite erhalten wir $v_x \mathrm{d}t$, auf der rechten $\mathrm{d}t\mathrm{d}x/\mathrm{d}t$. Dabei kürzen wir $\mathrm{d}t$ heraus, damit nur noch $\mathrm{d}x$ übrig bleibt. Auf diesem Weg erhalten wir Gl. 2.12.

Und jetzt weiter mit der Weg-Zeit-Funktion: Wir integrieren die Gl. 2.12, d. h., wir schreiben auf beiden Seiten das Integralzeichen vor die Differentiale:

$$\int v_x \mathrm{d}t = \int \mathrm{d}x \qquad (2.13)$$

Es handelt sich hierbei um ein unbestimmtes Integral, es gibt also keine Integralgrenzen. Da die Geschwindigkeit v_x konstant ist, können wir sie vor das Integral schreiben:

$$v_x \int \mathrm{d}t = \int \mathrm{d}x \qquad (2.14)$$

Durch Lösen des Integrals erhalten wir:

$$x = v_x t + C \qquad (2.15)$$

Hier haben wir die Integrationskonstante C addiert, da es sich um ein unbestimmtes Integral handelt. Die physikalische Bedeutung von C verdeutlichen wir uns anhand der Einheiten. Links der Gl. 2.15 haben wir einen Weg, also die Einheit m. Deshalb müssen wir also die gleiche Einheit verwenden. Der erste Term ist das Produkt aus Geschwindigkeit und Zeit, wodurch sich wiederum die Einheit m ergibt. Addieren wir eine Zahl, so muss sie ebenfalls die Einheit m haben. Daraus folgt, dass die Integrationskonstante einen Weg darstellt. Es kann sich also nur um den Anfangsweg $C = x_0$ handeln. Das können wir uns anhand von Abb. 2.1 verdeutlichen.

Die Weg-Zeit-Funktion für eine gleichförmige Bewegung lautet:

$$x = v_x t + x_0 \tag{2.16}$$

So wie wir die Weg-Zeit-Funktion durch Integration der Geschwindigkeit ermittelten, so erhalten wir die Geschwindigkeit-Zeit-Funktion durch Ableiten der Weg-Zeit-Funktion:

$$v = \frac{\mathrm{d}x}{\mathrm{d}t} = \frac{\mathrm{d}}{\mathrm{d}t}x = \frac{\mathrm{d}}{\mathrm{d}t}(v_x t + x_0) = v_x \tag{2.17}$$

Das Gleiche können wir für die Beschleunigungs-Zeit-Funktion fortführen. D. h., wir leiten die Geschwindigkeit-Zeit-Funktion nach der Zeit ab:

$$a = \frac{\mathrm{d}v}{\mathrm{d}t} = \frac{\mathrm{d}}{\mathrm{d}t}v = \frac{\mathrm{d}}{\mathrm{d}t}(v_x) = 0 \tag{2.18}$$

Abb. 2.3 stellt alle drei Funktionen grafisch dar.

▶ **Merke** Die **Weg-Zeit-Funktion** für eine gleichförmige Bewegung lautet:

$$x = v_x t + x_0 \tag{2.19}$$

Die **Geschwindigkeits-Zeit-Funktion** für eine gleichförmige Bewegung lautet:

$$v = v_x \tag{2.20}$$

Die **Beschleunigungs-Zeit-Funktion** für eine gleichförmige Bewegung lautet:

$$a = 0 \tag{2.21}$$

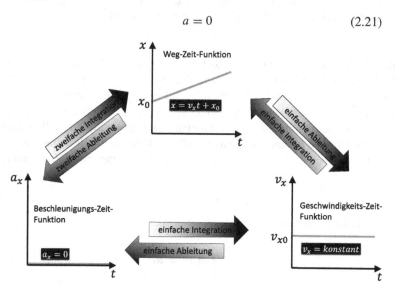

Abb. 2.3 Weg-Zeit-Funktion, Geschwindigkeits-Zeit-Funktion und Beschleunigungs-Zeit-Funktion einer gleichförmigen Bewegung in x-Richtung

Achtung: Für eine gleichförmige Bewegung auf einer geraden Strecke gilt, dass die Weg-Zeit-Funktion $x = v_x t + x_0$ eine Gerade beschreibt, wobei der Anfangswert als Anfangsweg definiert ist. Die Geschwindigkeits-Zeit-Funktion $v = v_x$ ist dagegen eine konstante Zahl. D. h., die Geschwindigkeit ändert sich mit der Zeit nicht. Die Beschleunigungs-Zeit-Funktion wiederum ist null. Das wiederum hatten wir als Voraussetzung für eine gleichförmige Bewegung definiert.

Beispiel

Ein Zug fährt 2 h lang mit konstanter Geschwindigkeit von 100 km/h. Wie weit ist der Zug in dieser Zeit gekommen?

Lösung: Zur Lösung können wir die Weg-Zeit-Funktion $x = v_x t + x_0$ verwenden. Den Anfangsweg können wir als null definieren ($x_0 = 0$). So erhalten wir:

$$x = v_x t = 100 \, \frac{\text{km}}{\text{h}} \cdot 2\,\text{h} = 200\,\text{km} \tag{2.22}$$

2.5   Ungleichförmige Bewegungen

▶ **Merke** Eine Bewegung ist ungleichförmig, wenn ein Körper in gleichen Zeitabschnitten unterschiedlich lange Strecken zurücklegt.

Um die ungleichförmige Bewegung zu berechnen, verwenden wir auch diesmal die Weg-Zeit-Funktion. Auch hier lassen sich die Weg-, Geschwindigkeits- und Beschleunigungsfunktionen durch Ableiten und Integrieren herleiten.

Achtung: Wir beschränken uns bei den ungleichförmigen Bewegungen zunächst auf eine sehr konkrete Form, und zwar die **gleichmäßig beschleunigte Bewegung**. Dieser Fall wird oft zu Beginn des Studiums behandelt. Bei dieser Bewegungsart liegt eine konstante Beschleunigung vor, sodass wir die Beschleunigungs-Zeit-Funktion mit:

$$a = a_x \tag{2.23}$$

erhalten. Die Integration liefert die Geschwindigkeits-Zeit-Funktion:

$$v = \int a \, \mathrm{d}t = \int a_x \, \mathrm{d}t = a_x t + v_{x0} \tag{2.24}$$

Hierbei haben wir die Integrationskonstante als Anfangsgeschwindigkeit v_{x0} definiert. Die nochmalige Integration liefert die Weg-Zeit-Funktion:

$$x = \int v \mathrm{d}t = \int (a_x t + v_0) \mathrm{d}t = \int (a_x t) \mathrm{d}t + \int (v_0) \mathrm{d}t = \frac{a_x}{2} t^2 + v_{x0} t + x_0 \quad (2.25)$$

Auch hier haben wir der Integrationskonstanten einen physikalischen Sinn gegeben. In diesem Fall haben wir sie wieder als Anfangsweg x_0 bezeichnet.

▶ Merke Die **Weg-Zeit-Funktion** für eine gleichmäßig beschleunigte Bewegung lautet:

$$x = \frac{a_x}{2} t^2 + v_{x0} t + x_0 \quad (2.26)$$

Die **Geschwindigkeits-Zeit-Funktion** für eine gleichmäßig beschleunigte Bewegung lautet:

$$v = v_x t + v_{x0} \quad (2.27)$$

Die **Beschleunigungs-Zeit-Funktion** für eine gleichmäßig beschleunigte Bewegung lautet:

$$a = a_x \quad (2.28)$$

Abb. 2.4 zeigt zusammenfassend alle drei Funktionen für eine gleichmäßig beschleunigte Bewegung in x-Richtung.

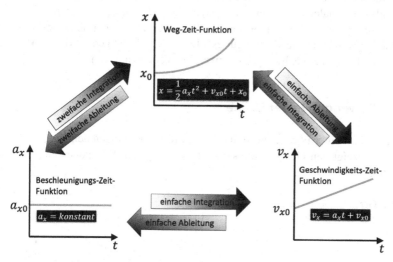

Abb. 2.4 Weg-Zeit-Funktion, Geschwindigkeits-Zeit-Funktion und Beschleunigungs-Zeit-Funktion einer gleichmäßig beschleunigten Bewegung in x-Richtung

Beispiel

Ein Auto beschleunigt gleichmäßig von 0 m/s auf 15 m/s in 20 s. Wie groß ist die Beschleunigung? Wo befindet sich das Auto nach dieser Zeit?

Lösung: Da es sich um eine gleichmäßige Beschleunigung handelt, können wir zunächst die mittlere Beschleunigung berechnen:

$$\bar{a}_x = \frac{\Delta v_x}{\Delta t} = \frac{v_{x2} - v_{x1}}{t_2 - t_1} = \frac{15\,\text{m/s} - 0\,\text{m/s}}{20\,\text{s} - 0\,\text{s}} = 0{,}75\,\text{m/s}^2 \qquad (2.29)$$

Die mittlere Beschleunigung entspricht in diesem Fall der momentanen Geschwindigkeit, da sich die Geschwindigkeit mit der Zeit nicht ändert ($\bar{a}_x = a_x = 0{,}75\,\text{m/s}^2$). Den Ort des Fahrzeugs nach 20 s können wir mit der Weg-Zeit-Funktion bestimmen:

$$x = \frac{a_x}{2}t^2 + v_{x0}t + x_0 = \frac{0{,}75\,\text{m/s}^2}{2} \cdot (20\,\text{s})^2 + 0\,\text{m/s} \cdot 20\,\text{s} + 0\,\text{m} = 150\,\text{m} \quad (2.30)$$

D. h., das Auto ist 150 m gefahren. Dabei haben wir angenommen, dass der Anfangsweg null ist.

2.6 Die Richtung der Bewegung

Bewegung kann nicht allein durch Geschwindigkeit und Beschleunigung beschrieben werden. Das klappt zwar auf dem Papier bzw. auf einer Geraden – aber nicht in der dreidimensionalen Praxis. Hier ist also auch die *Richtung* essenziell.

Um Bewegungen im Raum also vollständig zu beschreiben, nutzen wir Geschwindigkeits- und Beschleunigungsvektoren. Zunächst gehen wir es aber langsam an und bleiben zunächst noch im zweidimensionalen Raum.

2.6.1 Bewegung in der Ebene

Wir starten mit einer Ebene, sie ist durch zwei Raumrichtungen definiert.

Abb. 2.5 zeigt den Geschwindigkeitsvektor mit seinen Komponenten in x- und y-Richtung.

Abb. 2.5 Geschwindigkeitsvektor mit seinen Komponenten in x- und y-Richtung

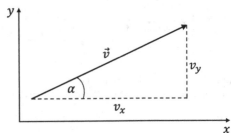

▶ Merke Der **Geschwindigkeitsvektor** in der Ebene ist definiert als:

$$\mathbf{v} = \begin{pmatrix} v_x \\ v_y \end{pmatrix} \qquad (2.31)$$

Entsprechend ist der Beschleunigungsvektor definiert als:

$$\mathbf{a} = \begin{pmatrix} a_x \\ a_y \end{pmatrix} \qquad (2.32)$$

- Zwei Vektoren können addiert werden, indem wir sie so verschieben, dass ihre Anfangspunkte zusammenfallen (Abb. 2.6).
- Für die Vektorkomponenten ergibt sich dann:

$$\mathbf{v} = \begin{pmatrix} v_x \\ v_y \end{pmatrix} = \begin{pmatrix} v_{x1} + v_{x2} \\ v_{y1} + v_{y2} \end{pmatrix} \qquad (2.33)$$

- Für den Betrag eines Vektors gilt:

$$v = \sqrt{v_x^2 + v_y^2} \qquad (2.34)$$

- Die Richtung des Vektors ergibt sich aus:

$$\tan(\alpha) = \frac{v_y}{v_x} \qquad (2.35)$$

Beispiel

Ein Boot überquert einen Fluss mit der Geschwindigkeit $\mathbf{v}_1 = 3\,\text{m/s}$. Gleichzeitig treibt die Strömung das Boot mit einer Geschwindigkeit von $\mathbf{v}_2 = 1\,\text{m/s}$ senkrecht zur eigentlichen Fahrtrichtung. Abb. 2.7 stellt diesen Sachverhalt graphisch dar. Der Betrag der resultierenden Geschwindigkeit in x-Richtung ergibt sich aus

$$v_x = v_{x1} + v_{x2} = 0\,\text{m/s} + 3\,\text{m/s} = 3\,\text{m/s}. \qquad (2.36)$$

Abb. 2.6 Addition zweier Geschwindigkeitsvektoren

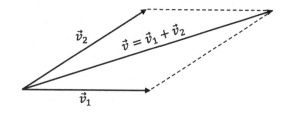

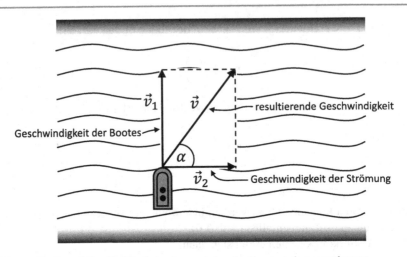

Abb. 2.7 Ein Boot driftet ab. Wir finden heraus, wie schnell es trotzdem vorankommt

Für die y-Richtung ergibt sich entsprechend

$$v_y = v_{y1} + v_{y2} = 4\,\text{m/s} + 0\,\text{m/s} = 4\,\text{m/s}. \tag{2.37}$$

Der Geschwindigkeitsvektor ist gegeben mit

$$\mathbf{v} = \begin{pmatrix} v_x \\ v_y \end{pmatrix} = \begin{pmatrix} 3\,\text{m/s} \\ 4\,\text{m/s} \end{pmatrix}, \tag{2.38}$$

womit sich der Betrag der resultierenden Geschwindigkeit zu

$$v = \sqrt{v_x^2 + v_y^2} = \sqrt{3^2 + 4^2}\,\text{m/s} = 5\,\text{m/s} \tag{2.39}$$

ergibt. Auch die Richtung der resultierenden Geschwindigkeit kann berechnet werden. Dazu können wir den Winkel α zwischen der resultierenden Geschwindigkeit und der x-Achse berechnen. Es ergibt sich mit der Beziehung

$$\tan(\alpha) = \frac{v_y}{v_x} \tag{2.40}$$

der Winkel α zu

$$\alpha = 53°. \tag{2.41}$$

2.6.2 Krummlinige Bewegung in der Ebene

Bisher sind wir von der geradlinigen Bewegung in der Ebene ausgegangen. Jetzt wollen wir die krummlinige Bewegung in der Ebene definieren. Hierfür benötigen wir zwei Richtungen, d. h. die x-Richtung und die y-Richtung, wobei beide jeweils eine geradlinige Bewegung beschreiben, also $x = x(t)$ und $y = y(t)$.

▶ Merke Eine **krummlinige Bewegung** in der Ebene wird durch zwei unabhängige Funktionen $x = x(t)$ und $y = y(t)$ beschrieben. Damit ergibt sich:

$$x = x(t) \qquad v_x = \dot{x} \qquad a_x = \ddot{x} \qquad (2.42)$$
$$y = y(t) \qquad v_y = \dot{y} \qquad a_y = \ddot{y} \qquad (2.43)$$

- Der Geschwindigkeitsvektor **v** zeigt immer in Richtung der Tangente der Bahnkurve.
- Die Bahnkurve wiederum bezeichnet den Verlauf des sich in einer Kurve bewegenden Körpers.
- Der Einfachheit halber wird der Beschleunigungsvektor **a** in zwei Komponenten zerlegt.
- Dies hat zwei Gründe: 1) Die Normalbeschleunigung $\mathbf{a}_n$ steht immer senkrecht auf der Bahnkurventangente und 2) die Bahnkurvenbeschleunigung $\mathbf{a}_b$ als zweite Komponente, zeigt immer in Richtung der Bahnkurventangente.
- Diese Eigenschaften werden wir später nutzen, z. B. bei der Betrachtung von Kräften, die uns auf einer Kreisbahn halten.

▶ Merke Die Vektoraddition der Normalbeschleunigung und der Bahnkurvenbeschleunigung ergibt den **Beschleunigungsvektor:**

$$\mathbf{a} = \mathbf{a}_n + \mathbf{a}_b \qquad (2.44)$$

Abb. 2.8 zeigt eine krummlinige Bewegung in der Ebene und die Komponentenzerlegung der Beschleunigung.

2.6.3 Kreisbewegung in der Ebene

Eine spezielle Form der Bahnbewegung ist die Kreisbewegung. In ihrem Fall gehen wir von einem konstanten Radius r aus, sodass wir die Bewegung durch die zeitliche Änderung des Winkels φ beschreiben können.

Abb. 2.8 Bahnkurve mit
Normalbeschleunigung a_n
und
Bahnkurvenbeschleunigung
a_b, die wiederum durch
Vektoraddition den
Beschleunigungsvektor **a**
ergeben

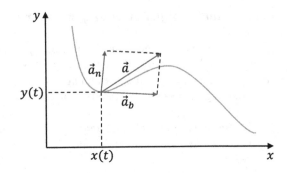

▶ **Merke** Die **Kreisbewegung** kann durch folgende Formeln beschrieben
werden:

$$s = r\varphi \tag{2.45}$$

$$\mathbf{v} = r\dot{\varphi} = r\omega \tag{2.46}$$

$$\mathbf{a}_b = r\ddot{\varphi} = r\alpha \tag{2.47}$$

- Hier steht s für einen Kreisausschnitt, wie in Abb. 2.9.
- Der Punkt über dem Winkel ($\dot{\varphi}$) verweist auf die erste zeitliche Ableitung des
  Winkels.
- $\dot{\varphi}$ ist deshalb die Winkelgeschwindigkeit, also die zeitliche Änderung des Winkels.
- Die Winkelbeschleunigung ist definiert als $\ddot{\varphi} = \alpha$.
- Bei der Kreisbewegung zeigt die Normalbeschleunigung $\mathbf{a}_n$ immer zum Kreis-
  mittelpunkt hin.
- Aufgrund dieser Besonderheit wird sie als **Radialbeschleunigung** $\mathbf{a}_r$ bezeichnet
  ($\mathbf{a}_n = \mathbf{a}_r$).
- Der Zusammenhang zwischen Winkel φ und Kreisausschnitt s gilt nur für sehr
  kleine Winkel.

Abb. 2.9 Kreisbewegung
mit der
Winkelbeschleunigung
$\ddot{\varphi} = \alpha$; die
Radialbeschleunigung a_r
zeigt immer zum
Kreismittelpunkt hin

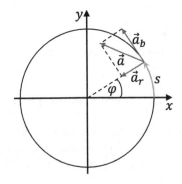

- Ist der Winkel φ beispielsweise kleiner $0,1$ rad, so kann die Näherung $\sin(\varphi) \approx \tan(\varphi) \approx \varphi = s/r$ genutzt werden. Dies entspricht einem rechtwinkligen Dreieck.
- Abb. 2.9 stellt die Beziehung der Radialbeschleunigung und Bahnbeschleunigung dar.

An dieser Stelle fragen Sie sich vielleicht: Wie klein ist denn so ein „sehr kleiner" Winkel? Tatsächlich ist dies nicht vorgegeben. Der Grund dafür ist, dass bestimmte Gesetze und Formeln auf Näherungen beruhen. Das wiederum soll das Rechnen einfacher machen und ist typisch für Physiker/-innen. Das erfordert allerdings auch, dass Studierende die Formeln nicht nur auswendig lernen, sondern verstehen und herleiten können. Außerdem sollen sie ein „Gefühl" dafür bekommen, wo die Formel herkommt und welche Annahmen bzw. Randbedingungen zu der Näherung führen. Es sollte also klar sein, dass wir die Formel 2.45 nicht für einen Winkel von 30° anwenden können. Dies wird auch deutlich, wenn wir uns Abb. 2.10 ansehen.

Leider können wir einen Winkel von $0,1°$ nicht deutlich zeichnen. Dennoch wird aus Abb. 2.10 klar, dass die Gegenkathete in etwa so groß wird, wie der Kreisausschnitt und somit unsere Näherung plausibel ist.

▶   **Merke** Der Betrag der **Radialbeschleunigung** ist

$$a_r = \omega^2 r = \frac{v^2}{r} \qquad (2.48)$$

und für die **Gesamtbeschleunigung** gilt

$$\mathbf{a} = \mathbf{a}_r + \mathbf{a}_b \qquad (2.49)$$

Eine Größe zur genaueren Betrachtung der Kreisbewegung ist die **Periodendauer** T, also die Zeit, die für einen Umlauf benötigt wird. Der Kehrwert der Periodendauer wird als **Frequenz** f bezeichnet. Es gilt der Zusammenhang:

$$f = \frac{1}{T} \qquad (2.50)$$

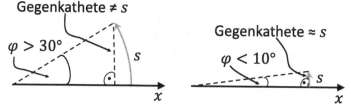

Abb. 2.10 Die Gegenkathete wird bei sehr kleinen Winkeln etwa so groß wie der Kreisausschnitt

Die Einheit der Frequenz ist Herz (Hz). Es gilt also $1\,\text{Hz} = 1\,\text{s}^{-1}$. Zusammen mit dem Kreisumfang $U = 2\pi r$ können wir auch die **Bahngeschwindigkeit** präziser beschreiben. Sie ist gegeben mit:

$$v_b = \frac{U}{T} = \frac{2\pi r}{T} = 2\pi r f = \omega r, \qquad (2.51)$$

wobei wir die Relation $\omega = 2\pi f$ genutzt haben. Bei vielen Anwendungen der Kreisbewegung finden wir die Bezeichnung ‚Drehzahl'. Die **Drehzahl** n ist die Anzahl N der Umdrehungen pro zugehörigem Zeitabschnitt Δt:

$$n = \frac{N}{\Delta t} = \frac{1}{T} \qquad (2.52)$$

Die Drehzahl n entspricht damit der Frequenz. Die Drehzahl gilt jedoch nur für Drehbewegungen. Die Frequenz hingegen kann auch bei anderen periodischen Bewegungen, wie z.B. bei Schwingungsvorgängen, eingesetzt werden.

Beispiel

Eine Seiltrommel dreht sich in 10 min 6000-mal. Wie groß ist a) die Drehzahl n, und b) die Winkelgeschwindigkeit ω?.

Lösung: a) Die Drehzahl lässt sich mit $n = N/\Delta t$ berechnen, wobei $N = 6000$ und $\Delta t = 10\,\text{min}$ ist. Wir erhalten $n = 10\,\text{Hz}$. b) Die Winkelgeschwindigkeit ist gegeben mit $\omega = 2\pi f = 62{,}8\,\text{Hz}$.

Soweit zur Betrachtung in der Ebene. Zur Berechnung der Geschwindigkeit im dreidimensionalen Raum ist es jetzt nur noch ein kleiner Schritt. Wenn Sie die bisherige Herangehensweise gut verstanden haben, dürfte das hier kein Problem sein. Wir nehmen den Geschwindigkeitsvektor als Beispiel. Im zweidimensionalen Raum, also in der Ebene, haben wir ihn wie folgt geschrieben:

$$\mathbf{v} = \begin{pmatrix} v_x \\ v_y \end{pmatrix} \qquad (2.53)$$

Im dreidimensionalen Raum kommt nun einfach noch die z-Richtung und damit eine weitere Vektorkomponente hinzu. Wir schreiben:

$$\mathbf{v} = \begin{pmatrix} v_x \\ v_y \\ v_z \end{pmatrix} \qquad (2.54)$$

2.7 Kurz und knapp: Das gehört auf den Spickzettel

- Die Kinematik beschäftigt sich mit der Beschreibung von Bewegungen.
- Bei mittlerer Geschwindigkeit geht es um die Durchschnittsgeschwindigkeit während eines konkreten Zeitraums.
- Bei momentaner Geschwindigkeit geht es um die Geschwindigkeit zu einem konkreten Zeitpunkt.
- Die mittlere Geschwindigkeit ist definiert als der Quotient aus Wegdifferenz und Zeitdifferenz:

$$\bar{v}_x = \frac{\Delta x}{\Delta t}$$

- Die momentane Geschwindigkeit ist definiert als die zeitliche Ableitung des Weges:

$$v_x = \frac{dx}{dt} = \dot{x}$$

- Die mittlere Beschleunigung ist definiert als Quotient aus Geschwindigkeits-änderung und Zeitdifferenz:

$$\bar{a}_x = \frac{\Delta v_x}{\Delta t}$$

- Die momentane Beschleunigung ist definiert als die zeitliche Ableitung der Geschwindigkeit:

$$a_x = \frac{dv_x}{dt} = \ddot{x}$$

- Eine Bewegung ist gleichförmig, wenn ein Körper in gleichen Zeitabschnitten eine gleich lange Strecke zurücklegt.
- Eine Bewegung ist ungleichförmig, wenn ein Körper in gleichen Zeitabschnitten unterschiedlich lange Strecken zurücklegt.
- Die Radialbeschleunigung wird berechnet mit

$$a_r = \frac{v^2}{r}$$

- Die Frequenz ist der Kehrwert der Periodendauer:

$$f = \frac{1}{T}$$

- Die Drehzahl ist die Anzahl der Umdrehungen in einem bestimmten Zeitabschnitt Δt:

$$n = \frac{N}{\Delta t}$$

2.8   Alles klar? Testen Sie sich selbst!

Diese Aufgaben könnten Sie in der schriftlichen Prüfung erwarten:

1. Ergänzen Sie die folgende Tabelle:

a_x	Momentane Beschleunigung in x-Richtung
$\dot{x}$	Momentane Geschwindigkeit in x-Richtung
T	Periodendauer
$\bar{v}_x$	
$\ddot{x}$	
a_z	
f	
$\dot{z}$	
$\dot{v}_y$	
$\bar{v}_x$	
n	

2. Zwei Bäume besitzen einen Abstand von 500 m. Wie groß ist die mittlere Geschwindigkeit eines Autos, wenn es für diesen Weg eine Zeit von 15 s benötigt und es mit konstanter Geschwindigkeit fährt.

3. Die Seiltrommel einer Baumwinde hebt eine Kiste mit einer Geschwindigkeit von 110 m/min auf eine Höhe von 55 m. Wie viel Zeit benötigt sie für diesen Vorgang?

4. Ein Auto fährt eine Strecke von 175 km in 4,2 h. Bestimmen Sie die mittlere Geschwindigkeit des Fahrzeugs in km/h und in m/s.

5. Eine Kiste wird 35 m hoch befördert. Dazu wird ein Fließband mit einer Neigung von 55° zur Waagerechten genutzt. Der Vorgang dauert 7 min. Mit welcher Geschwindigkeit wird die Kiste befördert, wenn eine konstante Geschwindigkeit vorausgesetzt wird?

6. Einem mit $v_{xA} = 72$ km/h fahrenden Kraftfahrzeug A nähert sich von hinten ein Fahrzeug B mit $v_{xB} = 90$ km/h. Wie lange braucht B, um A aufzuholen, wenn es einen Rückstand von $\Delta x = 150$ m besitzt?

7. Entwickeln Sie das v-t-Diagramm für folgenden Bewegungsvorgang:
Ein Körper wird aus der Ruhestellung ($v_{x,1} = 0$ km/h) gleichmäßig beschleunigt in $\Delta t_1 = 4$ s und auf die Geschwindigkeit $v_{x,2} = 3$ m/s gebracht, die er während der Zeit $\Delta t_2 = 3$ s beibehält. Dann wird der Körper in $\Delta t_3 = 2$ s auf die Geschwindigkeit $v_{x,3} = 6$ m/s gebracht und anschließend in $\Delta t_4 = 5$ s bis zum Halt abgebremst.

Folgende Fragen könnten Sie in der mündlichen Prüfung erwarten:

1. Wie sind Geschwindigkeit und Beschleunigung definiert?
2. Was ist der Unterschied zwischen mittlerer und momentaner Geschwindigkeit?
3. Beschreiben Sie anhand der Geschwindigkeit den Unterschied zwischen einem mittleren und einem momentanen Wert?

4. Was liefert Ihnen die Steigung der Weg-Zeit-Funktion?
5. Welche Größe erhalten Sie aus der Steigung der Geschwindigkeit-Zeit-Funktion?
6. Wie ist die Frequenz definiert?
7. Wie ist die Drehzahl definiert?

Dynamik

3

3.1 Was ist Dynamik?

Gemeinsam mit der Kinematik gehört die Dynamik zum großen Feld der Mechanik. Das Wort Dynamik stammt vom griechischen Wort für Kraft: „dÿnamis". Sie fokussiert also die Frage nach den wirkenden Kräften. Um diese Kräfte – in allen ihren Arten – geht es im folgenden Kapitel.

3.2 Kraft und die drei Newtonschen Axiome

Kraft ist die Ursache für jede Bewegung. Ihre Einheit ist Newton:

$$[F] = N \tag{3.1}$$

Wer Kräfte verstehen will, muss nachvollziehen, wie sie wirken. Das hat der Philosoph und Naturwissenschaftler Isaac Newton bereits im 17. Jahrhundert versucht und folgende drei Axiome aufgeschrieben:

▶ **Merke** Das erste Newtonsche Axiom ist das **Trägheitsgesetz:** Solange keine Kraft wirkt, bleibt ein Körper entweder in Ruhe oder er bewegt sich geradlinig und mit konstanter Geschwindigkeit weiter.

Das zweite Newtonsche Axiom ist das **Aktionsgesetz:** Kraft ist gleich Masse mal Beschleunigung: $\mathbf{F} = m\mathbf{a}$. Physiker/-innen sprechen hier auch gern von der **Grundgleichung der Mechanik,** denn sie formuliert einen kompletten Bewegungsvorgang: Durch Umschreiben zu $\mathbf{a} = \mathbf{F}/m$ und anschließendem Integrieren, erhalten wir die Geschwindigkeits-Zeit-Funktion. Durch eine weitere Integration, kommen wir schließlich auch zur Weg-Zeit-Funktion, wie schon in Kap. 2 eingesetzt.

© Springer-Verlag GmbH Deutschland, ein Teil von Springer Nature 2021
P. Steglich und K. Heise, *Vorkurs Physik fürs MINT-Studium,*
https://doi.org/10.1007/978-3-662-62126-4_3

Das dritte Newtonsche Axiom ist das **Wechselwirkungsgesetz:** Actio
gleich Reactio. Zu jeder Kraft existiert eine Gegenkraft. Die Gegenkraft
besitzt dabei den gleichen Betrag, aber die entgegengesetzte Richtung
($\mathbf{F}_1 = -\mathbf{F}_2$).

Übrigens: Für die Praxis müssten wir neben Masse und Geschwindigkeit eigentlich
auch die Ausdehnung eines Körpers in unsere Rechnungen miteinbeziehen. In diesem
Buch gehen wir – wie auch andere Lehrbücher – aber davon aus, dass diese so
klein ist, dass wir sie vernachlässigen können. Stattdessen betrachten wir Körper als
sog. Massenpunkt. Das heißt, Körper werden idealisiert (Was ist das? Nachlesen im
Vokabelheft) dargestellt. Auch hierbei handelt es sich um eine fürs Studium und die
Praxis nützliche Näherung.

3.3   Kraftarten

Jetzt zu den Kraftarten – und davon gibt es einige. Die wichtigsten für das Studium
schauen wir uns im Folgenden genauer an:

3.3.1   Gravitations- und Gewichtskraft

Die Gravitations- und auch die Gewichtskraft beschreiben die Kraft, die durch die
Masse zweier Körper entsteht. Physiker/-innen sprechen von Massenanziehung.

▶   Merke Die **Gravitationskraft** ist definiert als:

$$F_G = G\frac{m_1 m_2}{r^2} \qquad\qquad (3.2)$$

- G ist die Gravitationskonstante ($G = 6{,}67259 \cdot 10^{-11}$ m^3/(kgs^2)) – eine physikalische Größe, die als allgemeingültig und unveränderbar gilt.
- Die Kraft wirkt vom Massenmittelpunkt eines Objekts (m_1) zum Massenmittelpunkt eines weiteren Objekts (m_2).
- r ist der Abstand zwischen den Objekten.

Die Gewichtskraft wiederum ist ein Spezialfall der Gravitationskraft und nur auf
unseren Planeten beschränkt. Die hier aufeinander wirkenden Massen zweier Körper
sind erstens die Erde und zweitens jedes auf der Erde befindliche Objekt.

▶ Merke Der Betrag der **Gewichtskraft** ist definiert als:

$$F_g = mg \tag{3.3}$$

- Der Abstand r entspricht damit dem mittleren Erdradius $r_{Erde} \approx 6370$ km.
- m_1 ist die Erdmasse $m_{Erde} = 5{,}975 \cdot 10^{24}$ kg.
- Damit können wir mit der Fallbeschleunigung eine weitere Konstante einführen:

$$g = G\frac{m_{Erde}}{r_{Erde}^2} \approx 9{,}80665 \text{ m/s}^2. \tag{3.4}$$

- Unser Koordinatensystem wählen wir üblicherweise so, dass die Gewichtskraft auf der z-Achse liegt.

In der Schule haben wir die Gewichtskraft oft nur mit $F_g = mg$ berechnet. Was hier allerdings fehlt, ist die Richtung. Denn Kräfte sind sog. richtungsabhängige Größen. Im Studium schauen wir uns deshalb nicht nur den Betrag $F_g = mg$ an, sondern auch seine Richtung, und zwar indem wir die Kraft in Vektorschreibweise darstellen. Weitere Beispiele für solche richtungsabhängigen bzw. vektoriellen Größen sind neben Kraft auch Geschwindigkeit und Beschleunigung.

Die vektorielle Gewichtskraft wird so beschrieben:

$$\mathbf{F} = \begin{pmatrix} F_x \\ F_y \\ F_z \end{pmatrix} = \begin{pmatrix} 0 \\ 0 \\ -F_g \end{pmatrix} = \begin{pmatrix} 0 \\ 0 \\ -mg \end{pmatrix} \tag{3.5}$$

Es gilt also, dass die Vektorkomponente in z-Richtung den Betrag der Gewichtskraft besitzt. Ist Ihnen klar, warum es das negative Vorzeichen gibt? Weil die Gewichtskraft immer zum Erdmittelpunkt hin und damit in die negative Richtung der z-Achse zeigt (Abb. 3.1).

Abb. 3.1 Die Gewichtskraft wirkt in z-Richtung

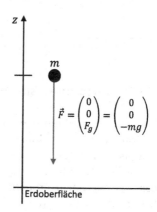

Beispiel

Die Gewichtskraft, die zwischen Erde und 100 g Schokolade wirkt, ist $F_g = mg = 100\ \text{g} \cdot 9,80665\ \text{m/s}^2 = 0,98\ \text{N}$. Die vektorielle Kraft ergibt sich damit zu:

$$\mathbf{F} = \begin{pmatrix} F_x \\ F_y \\ F_z \end{pmatrix} = \begin{pmatrix} 0 \\ 0 \\ -F_g \end{pmatrix} = \begin{pmatrix} 0 \\ 0 \\ -0,98\ \text{N} \end{pmatrix} \tag{3.6}$$

3.3.2 Coulombkraft

Coulombkraft heißt die elektrostatische Anziehung oder Abstoßung zwischen zwei Teilchen. Sie lässt sich gut mit Gravitationskraft vergleichen. Anstatt zwischen Massen wirkt sie zwischen Ladungen.

▶ **Merke** Der Betrag der **Coulombkraft** ist definiert als:

$$F_C = \frac{1}{4\pi\varepsilon_0} \frac{Q_1 Q_2}{r^2} \tag{3.7}$$

- ε_0 steht für die elektrische Feldkonstante ($\varepsilon_0 = 8,854187817 \cdot 10^{-12}$ As/Vm).
- Die Ladung wird als Q deklariert.
- Das heißt Q ist die gesamte Ladung von N Elementarladungen.
- Die Elementarladung ist $e = 1,60217733 \cdot 10^{-19}$ C.

Übrigens: Das hierfür benötigte Basiswissen zu Elektrizität finden Sie in Abschn. 7.1.

Beispiel

Zwischen positiven und negativen Elementarteilchen, die 1 m voneinander entfernt sind, wirkt die Kraft:

$$F_C = \frac{1}{4\pi\varepsilon_0} \frac{Q_1 Q_2}{r^2} = \frac{1}{4\pi\varepsilon_0} \frac{(1,60217733 \cdot 10^{-19}\ \text{C})^2}{(1\ \text{m})^2} = 1,44 \cdot 10^{-9}\ \text{N} \tag{3.8}$$

3.3.3 Verformungskraft

Die Verformungskraft oder auch elastische Kraft wird experimentell ermittelt, da sie stark vom Material und der Geometrie des Objekts abhängt. Eine Feder dient hier als klassisches Beispiel. Deshalb sprechen viele Lehrbücher auch direkt von Feder- anstatt Verformungskraft. Die Material- und Strukturabhängigkeit beschreiben wir mit einem Proportionalitätsfaktor. Dabei messen wir zwei Größen: die Distanz $\Delta x = x_2 - x_1$, die z. B. diese Feder eingedrückt oder gezogen wurde sowie die dafür benötigte Kraft F_F. Der gesuchte Proportionalitätsfaktor ist das Verhältnis der Federkraft F_F zur Federauslenkung $\Delta x = x_2 - x_1$. Dieses Verhältnis ($F_F/\Delta x$) ist konstant und wird deshalb als Federkonstante k bezeichnet.

Achtung: Lassen Sie sich nicht verwirren. Physiker/-innen nutzen auch dann gerne die Begriffe Federkraft, Federauslenkung oder Federkonstante, wenn es sich um ein anderes verformtes Objekt handelt.

▶ **Merke** Der Betrag der Verformungs- bzw. elastischen- oder eben **Federkraft** ist definiert als:

$$F_F = k\,\Delta x \qquad (3.9)$$

Weil diese Kraft vom Weg x abhängt, sprechen Physiker/-innen auch von der Feder-Weg-Funktion, dargestellt in Abb. 3.2. Die Federkonstante entspricht dabei dem Anstieg der linearen Funktion. Es gilt also, je größer die Federkonstante, desto größer auch der Anstieg.

Beispiel

Um eine Feder aus Edelstahl um $\Delta x = x_2 - x_1 = 1$ cm zusammenzudrücken, ist eine Kraft von 5 N notwendig (Abb. 3.3). Wir berechnen zunächst die Federkonstante:

$$k = \frac{F_F}{\Delta x} = \frac{5\,\text{N}}{1\,\text{cm}} = 5\,\frac{\text{N}}{\text{cm}} \qquad (3.10)$$

Mit dieser berechneten Federkonstante lässt sich jetzt die Kraft zu jeder beliebigen Auslenkung der Feder ermitteln: $F_F = k\,\Delta x$.

Achtung: An dieser Stelle ist es in der Physik ausnahmeweise üblich, nicht in SI-Einheiten umzurechnen. Vielmehr wird die Federkonstante in N/cm angegeben.

Jetzt geht es weiter mit Federsystemen, also mit mehreren verbundenen verformten Objekten. Dabei gilt es zwischen zwei Fällen zu unterscheiden.

Abb. 3.2 Die Feder-Kraft-Funktion ist linear vom Weg abhängig. Der Anstieg entspricht der Federkonstanten

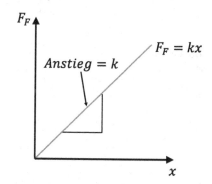

Sind Federn parallel geschaltet wie in Abb. 3.4a, lassen sich die Federkonstanten einfach addieren:

$$k_{ges} = \sum_i k_i = k_1 + k_2 + k_3 + \dots \qquad (3.11)$$

Diese Rechnung klappt allerdings nicht, sobald mehrere Federn in einer Reihe verbunden sind wie in Abb. 3.4b. Hier gilt:

$$\frac{1}{k_{ges}} = \sum_i \frac{1}{k_i} = \frac{1}{k_1} + \frac{1}{k_2} + \frac{1}{k_3} + \dots \qquad (3.12)$$

3.3.4 Zentrifugal- und Zentripetalkraft

Haben Sie schon einmal in einem fahrenden Karussell gesessen und das Gefühl gehabt, „nach außen" gedrückt zu werden? Das war Zentrifugalkraft, gern auch Fliehkraft genannt. Sie tritt bei rotierenden Bewegungen auf und wirkt entgegen der Drehachse.

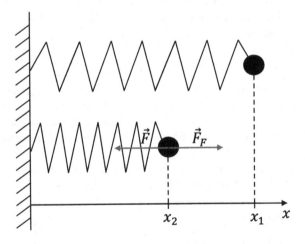

Abb. 3.3 Eine Feder wird um $\Delta x = x_2 - x_1$ eingedrückt. Die Federkraft F_F wirkt der Auslenkung, also der Kraft F, die benötigt wird, um die Feder einzudrücken, entgegen

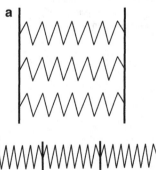

Abb. 3.4 Eine Parallelschaltung (**a**) und eine Reihenschaltung (**b**) von Federn

Abb. 3.5 Wenn sich das
Karussell dreht, wirken
Zentrifugalkraft und
Zentripetalkraft

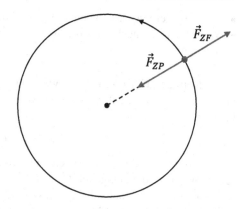

▶ Merke Der Betrag der **Zentrifugalkraft** ist definiert als:

$$F_{ZF} = ma_r \qquad (3.13)$$

- a_r wird als Radialbeschleunigung bezeichnet (vgl. Abb. 2.9).
- Da die Radialbeschleunigung immer senkrecht zur Bahntangente zeigt, gilt das Gleiche für die Zentrifugalkraft.
- Die Zentrifugalkraft wirkt, wie in Abb. 3.5 zu sehen, vom Drehmittelpunkt weg.
- Die entgegengesetzte Kraft wird Zentripetalkraft genannt und wirkt hin zum Drehmittelpunkt.
- Ihre Beträge sind gleich groß, so gilt:

$$\mathbf{F}_{ZF} = -\mathbf{F}_{ZP} \qquad (3.14)$$

3.3.5 Reibungskraft und Hangabtriebskraft

Schon mal überlegt, warum Sie eine schwere Kiste auf Eis leichter ziehen können als auf Beton? Der Grund sind unterschiedlich starke Reibungskräfte. Denn diese wirken – je nach Materialeigenschaften – mehr oder weniger, sobald ein bewegter Körper auf eine Ebene trifft.

▶ Merke Der Betrag der **Reibungskraft** ist definiert als:

$$F_R = \mu F_N \qquad (3.15)$$

- μ ist der Reibungskoeffizient, der experimentell bestimmt wird.
- Wenn Sie Reibungskraft berechnen, müssen Sie auch die Normalkraft F_N berücksichtigen.

Diese Normalkraft ist Teil der Gewichtskraft – und zwar jener Teil, der senkrecht auf die Fläche wirkt, auf der sich der Körper (unsere Kiste also) befindet. Sie wird berechnet mit:

$$F_N = F_g \cos(\alpha) \tag{3.16}$$

Wie Sie den Reibungskoeffizienten bestimmen, schauen wir uns gleich an. Erst führen wir noch die Hangabtriebskraft F_H als Gegenspieler der Reibungskraft ein. Sie kommt zum Zug, sobald ein Objekt auf einer schiefen Ebene steht und wirkt der Reibungskraft entgegen (Abb. 3.6), denn sie wirkt parallel zur Ebene.

Die Kiste in Abb. 3.6 bleibt stehen, solange die Reibungskraft größer als die Hangabtriebskraft ist. Sobald die Reibungskraft gleich der Hangabtriebskraft ist, wird es interessant. Denn genau dieser Winkel ist der letzte, mit welchem die Kiste hält. Somit gilt $F_H = F_R$. Vergrößert sich der Winkel um nur einen weiteren Grad, rutscht die Kiste. Die **Hangabtriebskraft** wird berechnet mit:

$$F_H = F_g \sin(\alpha) \tag{3.17}$$

Beispiel

Eine Kiste liegt auf einem Brett. Neigt sich das Brett, beginnt die Kiste bei einem Winkel von $>25°$ zu rutschen. Bei Winkel $25°$ bleibt die Kiste jedoch noch stehen, sodass $F_R = F_H$ gilt. Wir bestimmen den Haftreibungskoeffizienten.

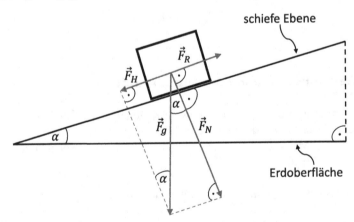

Abb. 3.6 Eine Kiste steht auf einer schiefen Ebene. Die Hangabtriebskraft wirkt der Reibungskraft entgegen

Lösung: Mit den Gl. 3.15 und 3.17 erhalten wir $F_g \sin(\alpha) = \mu F_N$, da $F_R = F_H$ gilt. Mit der Normalkraft $F_N = F_g \cos(\alpha)$ bekommen wir $F_g = F_N / \cos(\alpha)$. Damit können wir den Haftreibungskoeffizienten folgendermaßen berechnen:

$$\mu = \frac{F_R}{F_N} = \frac{F_g \sin(\alpha)}{F_g \cos(\alpha)} = \frac{\sin(\alpha)}{\cos(\alpha)} = \tan(\alpha) = 0{,}47 \tag{3.18}$$

Dieses Beispiel macht die Beziehung zwischen Haftreibungskoeffizienten μ und Neigungswinkel noch einmal ganz klar:

$$\mu = \tan(\alpha) \tag{3.19}$$

Mit dieser einfachen Formel lassen sich Haftreibungskoeffizienten experimentell bestimmen.

Achtung
Der Haftreibungskoeffizient ist immer nur für eine ganz konkrete Materialkombination gültig: Holz, Eis, Gras... Außerdem gilt es zu beachten, dass auch gleiche Materialien unterschiedlich beschaffen sein können. Die Eigenschaften unserer Holzkiste hängen auch davon ab, ob z.B. ihr Holz unbehandelt, geschliffen oder geölt daherkommt.

3.4 Impuls

Der Impuls – umgangssprachlich als „Schwung" bezeichnet – ist eine weitere grundlegende physikalische Größe. Er kommt wiederum nie ohne die Größen Geschwindigkeit und Masse aus. Diese Beispiele machen deutlich, warum:

Wollen Sie mit einem Ball eine Wand aus Papier durchstoßen, kommt es vor allem auf die Geschwindigkeit an, mit der Sie den Ball werfen. Dabei wird das Ganze noch einfacher, wenn Sie einen mit Blei gefüllten anstatt einen mit Luft gefüllten Ball wählen.

▶ **Merke** Der **Impuls** beschreibt also den Bewegungszustand eines Körpers mit der Masse m und ist wie folgt definiert:

$$\mathbf{p} = m\mathbf{v} \tag{3.20}$$

Sobald sich Geschwindigkeit oder Masse eines Körpers ändern, ändert sich auch der Impuls. Dieses Wissen nutzen wir, um Stoßvorgänge zu beschreiben. Denn beim

Stoßen trifft ein Körper 1 mit dem Impuls $\mathbf{p}_1$ auf einen Körper 2 mit dem Impuls $\mathbf{p}_2$. Wenn wir von einem geraden Stoß ausgehen und annehmen, dass sich die Massen der Körper zunächst nicht ändern, dann müssen sich die Geschwindigkeiten der Körper nach dem Stoß verändert haben. Hiermit formulieren wir den Impulserhaltungssatz.

▶ **Merke** Der **Impulserhaltungssatz** bei einem geraden Stoßvorgang mit konstanter Masse ist definiert als:

$$p_{x1} + p_{x2} = p'_{x1} + p'_{x2} \tag{3.21}$$
$$m_1 v_{x1} + m_2 v_{x2} = m_1 v'_{x1} + m_2 v'_{x2} \tag{3.22}$$

- Der Impuls in x-Richtung ist mit p_x vor dem Stoßvorgang und mit p'_x nach dem Stoßvorgang bezeichnet.
- Die linke Seite der Gleichung zeigt die Impulse von Körper A und B vor dem Stoß ($p_{x1} + p_{x2}$), die rechte Gleichung zeigt sie nach dem Stoß ($p'_{x1} + p'_{x2}$).
- Ein gerader Stoßvorgang wird übrigens manchmal auch als zentraler Stoß bezeichnet.

Achtung: Die Geschwindigkeiten nach dem Stoß können wir mit dem Impulserhaltungssatz allein nicht bestimmen. Dazu benötigen wir auch den Energieerhaltungssatz. Dazu später mehr in Kap. 4.

Beispiel
Der Impulserhaltungssatz lässt sich übrigens auch herleiten – und zwar mit den Newtonschen Axiomen. Die kennen Sie ja schon. Dazu betrachten wir zwei Objekte, die in x-Richtung aufeinanderstoßen. Das dritte Axiom besagt:

$$F_{x1} = -F_{x2} \tag{3.23}$$

Mit dem zweiten Axiom können wir anschließend schreiben:

$$m a_{x1} = -m a_{x2} \tag{3.24}$$

Solange wir davon ausgehen, dass es sich hier um eine gleichförmig beschleunigte Bewegung auf einer Geraden handelt, können wir die mittlere Beschleunigung einsetzen und erhalten:

$$m_1 \frac{\Delta v_{x1}}{\Delta t} = -m_2 \frac{\Delta v_{x2}}{\Delta t} \tag{3.25}$$

Wir multiplizieren schließlich die gesamte Gleichung mit Δt und erhalten:

$$m_1 \Delta v_{x1} = -m_2 \Delta v_{x2} \tag{3.26}$$

Wenn wir nun die Differenz zwischen End- und Anfangsgeschwindigkeit einführen, also $\Delta v_{x1} = v'_{x1} - v_{x1}$ und $\Delta v_{x2} = v'_{x2} - v_{x2}$, wobei v' immer für die Endgeschwindigkeit steht, ergibt sich:

$$m_1(v'_{x1} - v_{x1}) = -m_2(v'_{x2} - v_{x2}) \tag{3.27}$$

Stellen wir die Gleichung um, erhalten wir schließlich wieder den Impulserhaltungssatz (vgl. Gl. 3.21) für eine geradlinige Bewegung:

$$m_1 v_{x1} + m_2 v_{x2} = m_1 v'_{x1} + m_2 v'_{x2} \tag{3.28}$$

$$p_{x1} + p_{x2} = p'_{x1} + p'_{x2} \tag{3.29}$$

3.5 Zusammenhang zwischen Impuls und Kraft

Wenn ein Impuls sich nicht verändert, ist die Kraft gleich null. Oder anders ausgedrückt: Ist der Impuls konstant, wirkt keine Kraft. Das kennen Sie schon von Newton und seinem ersten Axiom. Unterm Strich können wir also schreiben:

▶ **Merke** Ein Körper, auf den keine äußeren Kräfte wirken, verändert seinen Impuls nicht.

$$\mathbf{F} = 0 \Rightarrow \mathbf{p} = konstant \tag{3.30}$$

Gleichzeitig bedeutet das: Sobald die zeitliche Ableitung des Impulses nicht null ist, muss hier auch eine Kraft im Spiel sein.

▶ **Merke** Damit kann **Kraft** als zeitliche Impulsänderung definiert werden:

$$\mathbf{F} = \frac{d\mathbf{p}}{dt} = \dot{\mathbf{p}} \tag{3.31}$$

Bisher gilt das alles für den Fall, dass die Masse unverändert bleibt. Sollte sie sich jedoch ändern, müssen wir auch die Kraft-Formel anpassen. Das gelingt mit der Produktregel und durch Ableitung der Gl. 3.31. Es folgt:

$$\mathbf{F} = m\frac{d\mathbf{v}}{dt} + \frac{dm}{dt}\mathbf{v} \tag{3.32}$$

bzw. in Kurzschreibweise

$$\mathbf{F} = m\dot{\mathbf{v}} + \dot{m}\mathbf{v}. \tag{3.33}$$

Der erste Term ($m\dot{\mathbf{v}}$) beschreibt also die Kraft, sobald sich die Geschwindigkeit ändert. Der zweite Term ($\dot{m}\mathbf{v}$) beschreibt die Kraft, sobald sich die Masse ändert.

Physiker/-innen sprechen hier übrigens gerne von der Raketengleichung (Gl. 3.33), weil sie hierzu oft folgendes Beispiel bringen: Eine Rakete startet, sie wird immer schneller (erster Term). Dabei verbraucht sie Treibstoff, wodurch sie leichter wird (zweiter Term). Alles klar?

3.6 Die Bewegungsgleichung

Zum Schluss wollen wir uns die Bewegungsgleichung anschauen. Sie beschreibt ein mechanisches System vollständig. D. h., sie bezieht alle äußeren Einflüsse, räumliche und zeitliche Veränderungen mit ein. Man könnte sie auch Summengleichung nennen, denn alle Kräfte überlagern sich vektoriell zu einer resultierenden Kraft. Physiker/-innen würden sagen: Mehrere Größen superponieren. Oder: Die Gleichung entspricht dem Superpositionsprinzip (Was ist das? Nachlesen im Vokabelheft).

▶ Merke Die **Bewegungsgleichung** ist gegeben mit:

$$\mathbf{F}_{res} = \sum_i \mathbf{F}_i = \mathbf{F}_1 + \mathbf{F}_2 + \mathbf{F}_3 + \dots \qquad (3.34)$$

- Die Bezeichnung $\sum_i \mathbf{F}_i$ ist die Kurzschreibweise einer Summe, wobei i eine fortlaufende ganze Zahl beginnend bei 1 darstellt (i=1,2,3,...).
- Die Vektoraddition haben wir bereits in Abschn. 2 erklärt (Addition der Geschwindigkeitsvektoren).

Übrigens: Mit Hilfe der Bewegungsgleichung lassen sich auch Beschleunigungs-Zeit-, Geschwindigkeits-Zeit- und Weg-Zeit-Diagramme ableiten.

So. Mit diesem Wissen, können wir jetzt bereits viele komplexe Dynamikprobleme lösen. Um den Überblick zu bewahren, hilft das folgende Rezept (Abb. 3.7).

▶ Rezept für Bewegungsgleichungen

1. Skizze mit Koordinatensystem erstellen,
2. alle äußeren Kräfte in die Skizze einzeichnen,
3. Bewegungsgleichung aufstellen: $m\mathbf{a} = \sum_i \mathbf{F}_i$,
4. nach Beschleunigung umstellen: $\mathbf{a} = \sum_i \mathbf{F}_i / m$,
5. die Integration der Beschleunigung liefert die Geschwindigkeits-Zeit-Funktion,
6. die Integrationskonstante wird als Anfangsgeschwindigkeit definiert,
7. die Integration der Geschwindigkeit liefert die Weg-Zeit-Funktion,
8. die Integrationskonstante wird als Anfangsweg definiert.

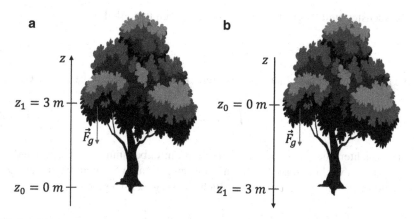

Abb. 3.7 Ein Apfel fällt von einem 3 m hohen Baum. Das Koordinatensystem kann (a) von der Erdoberfläche weg oder (b) zur Erdoberfläche hin zeigen

Beispiel

Ein Apfel fällt von einem 3 m hohen Baum auf die Erde. Leiten Sie das Weg-Zeit-Gesetz für den Fall her, dass

(a) der Koordinatenursprung auf der Erdoberfläche und
(b) dass der Koordinatenursprung auf Höhe des Apfels liegt (also 3 m über der Erdoberfläche).

Lösung: Wir zeichnen eine Skizze und tragen dann das Koordinatensystem und alle Kräfte ein.

Als Nächstes stellen wir die Bewegungsgleichung auf

$$m\mathbf{a} = \sum_i \mathbf{F}_i. \tag{3.35}$$

In diesem Fall tritt nur eine Kraft auf: die Gewichtskraft. Damit erhalten wir

$$m\mathbf{a} = \mathbf{F}_g. \tag{3.36}$$

Jetzt können wir noch den Beschleunigungsvektor mit der Beschleunigungskomponente in z-Richtung austauschen ($\mathbf{a} = a_z$) und die Kurzschreibweise ($a_z = \ddot{z}$) verwenden. So erhalten wir

$$m\ddot{z} = \mathbf{F}_g. \tag{3.37}$$

Die Gewichtskraft zeigt immer zum Erdmittelpunkt. Aufgrund unseres Koordinatensystems gilt für Aufgabe (a)

$$m\ddot{z} = -mg. \tag{3.38}$$

Als Nächstes stellen wir die Gleichung nach $\ddot{z}$ um und erhalten

$$\ddot{z} = -g. \tag{3.39}$$

Die Integration der Beschleunigung liefert uns das Geschwindigkeits-Zeit-Gesetz

$$\dot{z} = \int \ddot{z}\,dt = -gt + C_1. \tag{3.40}$$

Bitte beachten Sie, dass es sich hierbei um ein unbestimmtes Integral handelt. Es ist zudem wichtig, dass wir die Integrationskonstante C_1 nicht vergessen. Die erneute Integration liefert uns schließlich das Weg-Zeit-Gesetz:

$$z = \iint \ddot{z}\,dt = \int \dot{z}\,dt = \int -gt + C_1\,dt = -\frac{1}{2}gt^2 + C_1 t + C_2. \tag{3.41}$$

Auch hier dürfen wir die Integrationskonstante C_2 nicht vergessen. Abschließend können wir noch die Integrationskonstanten definieren. Dabei ist C_1 die Anfangsgeschwindigkeit v_{z0} und C_2 der Anfangsweg z_0. Es ergibt sich

$$z = -\frac{1}{2}gt^2 + v_{z0}t + z_0. \tag{3.42}$$

Aufgrund des Koordinatensystems gilt für (b)

$$m\ddot{z} = mg. \tag{3.43}$$

Über den gleichen Lösungsweg wie zuvor erhalten wir für (b)

$$z = \frac{1}{2}gt^2 + v_{z0}t + z_0. \tag{3.44}$$

Achtung
Der Vergleich zwischen Aufgabe 2.5(a) und 2.5(b) zeigt, dass es nicht ausreicht, nur die Bewegungsgleichung zu lösen. Vielmehr hat auch die Wahl des Koordinatenursprungs einen entscheidenden Einfluss auf unser Ergebnis. In der Schule wurde uns meist ein Koordinatensystem vorgegeben. Im Studium definieren Sie es selbst (Abb. 3.8).

Abb. 3.8 Eine Erdnuss fällt ins Wasserglas. Die Reibungskraft wirkt der Gewichtskraft entgegen

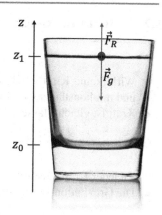

Beispiel

Eine Erdnuss mit der Masse m fällt ins Wasserglas. Wir bezeichnen die Reibungskraft zwischen Erdnuss und Wasser mit F_R. Mit Reibungskraft ist hier allerdings nicht die äußere Reibung (Abschn. 3.3.5), sondern die innere Reibung, z. B. aufgrund einer laminaren Strömung (Was ist das? Nachlesen im Vokabelheft), gemeint. Leiten wir also jetzt das Weg-Zeit-Gesetz für diesen Fall her.

Lösung: Wir beginnen wieder mit einer Skizze, in der wir Koordinatensystem und Kräfte eintragen. An dieser Stelle ist es wichtig, darauf zu achten, in welche Richtung die Kräfte wirken. In diesem Fall wirkt die Reibungskraft der Gewichtskraft entgegen.

Anschließend stellen wir die Bewegungsgleichung auf:

$$m\mathbf{a} = \sum_i \mathbf{F}_i \tag{3.45}$$

und setzen die Kräfte ein

$$m\mathbf{a} = \mathbf{F}_R - \mathbf{F}_g \tag{3.46}$$

Wir substituieren wieder $\mathbf{a}$ mit $\ddot{z}$ und erhalten nach Umstellung

$$\ddot{z} = \frac{\mathbf{F}_R - \mathbf{F}_g}{m} \tag{3.47}$$

Die Integration der Beschleunigung liefert uns das Geschwindigkeits-Zeit-Gesetz

$$\dot{z} = \int \ddot{z} \mathrm{d}t = -\left(\frac{\mathbf{F}_R - \mathbf{F}_g}{m}\right) t + v_{z0} \tag{3.48}$$

Die nochmalige Integration liefert uns das Weg-Zeit-Gesetz

$$z = \iint \ddot{z} \mathrm{d}t = \int \dot{z} \mathrm{d}t = \int -\left(\frac{\mathbf{F}_R - \mathbf{F}_g}{m}\right) t + v_{z0} \mathrm{d}t = -\frac{1}{2}\left(\frac{\mathbf{F}_R - \mathbf{F}_g}{m}\right) t^2 + v_{z0}t + z_0, \tag{3.49}$$

wobei wir die Integrationskonstanten direkt als Anfangsgeschwindigkeit und Anfangsweg bezeichnen und einsetzen.

3.7   Kurz und knapp: Das gehört auf den Spickzettel

- Wirkt keine Kraft, bleibt ein Körper in Ruhe oder bewegt sich geradlinig und mit konstanter Geschwindigkeit (Trägheitsgesetz).
- Kraft ist gleich Masse mal Beschleunigung (Aktionsgesetz):

$$\mathbf{F} = m\mathbf{a}$$

- Zu jeder Kraft existiert eine Gegenkraft (Wechselwirkungsgesetz).
- Die Gravitationskraft wirkt zwischen zwei Massen:

$$F_G = G\frac{m_1 m_2}{r^2}$$

- Die Gewichtskraft wirkt auf einen Körper auf der Erdoberfläche:

$$F_g = mg$$

- Die Coulombkraft wirkt zwischen zwei Ladungen:

$$F_C = \frac{1}{4\pi\varepsilon_0}\frac{Q_1 Q_2}{r^2}$$

- Die Verformungskraft (Federkraft) wirkt bei einer Verformung als Gegenkraft:

$$F_F = k\Delta x$$

- Die Zentrifugalkraft wirkt weg vom Mittelpunkt der Kreisbewegung. Die Zentripetalkraft hingegen wirkt in Richtung des Mittelpunkts.
- Die Reibungskraft ist proportional zur Normalkraft:

$$F_R = \mu F_N$$

- Die Reibungskraft wirkt der Hangabtriebskraft entgegen.
- Wenn Reibungskraft und Hangabtriebskraft gleich groß sind, kann der Haftreibungskoeffizient berechnet werden mit:

$$\mu = \tan(\alpha)$$

- Der Impuls ist Masse mal Geschwindigkeit:

$$\mathbf{p} = m\mathbf{v}$$

- Die zeitliche Ableitung des Impulses entspricht einer Kraft:

$$\mathbf{F} = \frac{d\mathbf{p}}{dt} = \dot{\mathbf{p}}$$

- Die Raketengleichung ist gegeben mit

$$\mathbf{F} = m\dot{\mathbf{v}} + \dot{m}\mathbf{v}$$

- Die Bewegungsgleichung ist definiert als die Summe aller Kräfte:

$$\mathbf{F}_{res} = \sum_i \mathbf{F}_i = \mathbf{F}_1 + \mathbf{F}_2 + \mathbf{F}_3 + \ldots$$

- Der Impulserhaltungssatz besagt, dass die Summe aller Impulse vor und nach einem Stoßvorgang konstant ist:

$$m_1 v_{x1} + m_2 v_{x2} = m_1 v'_{x1} + m_2 v'_{x2}$$

3.8   Gut vorbereitet? Testen Sie sich selbst!

Folgende Fragen könnten Sie in der schriftlichen Prüfung erwarten.

1. Ergänzen Sie die folgende Tabelle:

F_x	Kraft in x-Richtung
$\dot{m}$	
p_x	
Δx	
F_y	
F_g	
F_G	
$\dot{\mathbf{p}}$	

2. Ein Junge (50 kg) hält eine Wasserkiste (20 kg) in der Hand. Welche Kraft wirkt auf den Boden, auf dem der Junge steht?
3. Eine Feder wird um 5 cm durch ein 2 kg schweres Gewicht ausgedehnt. Wie groß ist die Federkonstante?
4. Eine Kiste liegt auf einem Brett. Wird das Brett geneigt, beginnt die Kiste ab einem Winkel von $> 35°$ zu rutschen. Bei genau 35° bleibt die Kiste noch stehen. Wie groß ist der Haftreibungskoeffizient?

5. Eine Kiste mit der Masse 10 kg wird mit einem Seil senkrecht nach oben gezogen. Die Beschleunigung dabei beträgt 1 m/s². Wie groß ist die im Seil auftretende Kraft?

Folgende Fragen könnten Sie in der mündlichen Prüfung erwarten:

1. Wie heißen die drei Newtonschen Axiome und was sagen sie aus?
2. Was besagt das Wechselwirkungsgesetz?
3. Erklären Sie mit eigenen Worten „Actio gleich reactio".
4. Definieren Sie die Kraft mit einer Formel und in Worten.
5. Kraft ist eine physikalische Größe, genau wie Zeit. Doch welche zusätzliche Eigenschaft besitzt Kraft im Gegensatz zur Zeit?
6. Was ist der Unterschied zwischen Zentripetalkraft und Zentrifugalkraft?
7. Welche Kraft wirkt der Hangabtriebskraft entgegen?
8. Definieren Sie den Impuls mit einer Formel und in Worten.
9. Wie kann die Kraft mit dem Impuls berechnet werden? Welcher Zusammenhang besteht also zwischen Kraft und Impuls (beschreiben Sie die entsprechende Formel)?
10. Wie groß ist die zeitliche Änderung des Impulses, wenn keine Kraft wirkt?
11. Beschreiben Sie die Raketengleichung mit eigenen Worten.

Arbeit, Energie und Leistung

4

4.1 Was sind Arbeit und Energie und Leistung?

Vor allem Arbeit und Energie hängen eng zusammen. Sie teilen sich sogar eine Einheit: das Joule. Als Dritter im Bunde kommt die Leistung hinzu. Sie wiederum ergibt sich aus dem Quotienten aus Arbeit und Zeit.

Wir starten zunächst mit den Begriffen Arbeit und Energie.

Für die Arbeit gilt:

$$[W] = J \tag{4.1}$$

Für die Energie gilt:

$$[E] = J \tag{4.2}$$

Inwiefern sich Arbeit und Energie unterscheiden, wird klar, wenn wir uns die Definitionen anschauen: Arbeit wird verrichtet, wenn ein System oder ein Objekt, durch eine Kraft bewegt bzw. verformt wird. Außerdem unterscheiden wir positive und negative Arbeit – je nachdem, ob Energie in einen Körper hinein- oder hinaus- fließt.

Energie hingegen ist definiert als die Fähigkeit, Arbeit zu verrichten, Licht abzu- strahlen oder Wärme abzugeben. Sie kann nicht erschaffen oder zerstört, sondern nur umgewandelt werden. Kurz gesagt: Energie ist ein Zustand, Arbeit hingegen ist eine Zustandsänderung.

Achtung: Wir behandeln in diesem Kapitel übrigens ausschließlich mechanische Arbeit – und nicht z. B. thermische Arbeit.

© Springer-Verlag GmbH Deutschland, ein Teil von Springer Nature 2021
P. Steglich und K. Heise, *Vorkurs Physik fürs MINT-Studium,*
https://doi.org/10.1007/978-3-662-62126-4_4

Übrigens:

- Anstatt Joule verwenden Physiker/-innen auch die Einheit Nm. Die Umrechnung ist leicht: Ein Nm entspricht einem J.
- Physiker/-innen unterscheiden potenzielle Energie, die benötigt wird, um etwas zu bewegen, und kinetische Energie, die ein Körper aufgrund seiner Bewegung enthält – deshalb auch Bewegungsenergie genannt. Dazu später noch mehr.

4.2   Arbeit und Energie allgemein berechnen

Bevor wir ans Rechnen gehen, schauen wir uns folgende drei Formeln an.
Erstens gilt für die Arbeit:

$$W = Fs \tag{4.3}$$

- F steht für die Kraft.
- s steht für den Weg.
- Achtung: Diese Gleichung gilt nur, weil wir hier davon ausgehen, dass die Kraft parallel zum Wegabschnitt s wirkt.

Zweitens gilt für die Energieänderung: Ändert ein Körper seine **Energie** von E_1 auf E_2 bzw. $\Delta E = E_2 - E_1$, dann entspricht dies der **Arbeit** W.
Damit erhalten wir drittens:

$$W = \Delta E = E_2 - E_1 \tag{4.4}$$

- Diese Gleichung belegt: Ohne Energieänderung keine Arbeit und ohne Arbeit keine Energieänderung.
- E_1 und E_2 stehen für die verschiedenen energetischen Zustände.

Mit diesem Wissen können Sie nun Arbeit berechnen – und die Energie ableiten. Das üben wir jetzt anhand verschiedener Arten von Arbeit und Energie.

4.2.1   Reibungsarbeit und -energie

Wir starten mit Reibungsarbeit. Sie wird z. B. verrichtet, wenn Sie einen Schlitten ziehen. Sie errechnen diese Arbeit, indem Sie Reibungskraft $F_R = \mu F_N$ in die oben eingeführte allgemeine Gleichung für 4.3 einsetzen.

$$W_R = Fs = F_R s = \mu F_N s = \mu F_N (s_2 - s_1) = \mu F_N s_2 - \mu F_N s_1 \tag{4.5}$$

Und jetzt zur Energie: Diese lässt sich nun aus Gl. 4.5 ableiten. Für die Reibungsenergie gilt:

$$E_R = \mu F_N s \tag{4.6}$$

Dabei haben wir den Zusammenhang $W = E_2 - E_1 = \mu F_N s_2 - \mu F_N s_1$ genutzt.
Es handelt es sich also um kinetische Energie, die der Schlitten aufgrund seiner
Bewegung enthält.

Achtung Gl. 4.5 zeigt uns, wie inkonsequent Physiker/-innen manchmal sind:
Der Weg s besitzt einen bestimmten Wert. Wir gehen aber davon aus, dass der
Weg bei null, also im Koordinatenursprung beginnt. Wenn dies nicht der Fall
ist, so schreiben wir üblicherweise Δs. Das wiederum deutet daraufhin, dass
es sich um eine beliebige Wegdifferenz handelt, also $\Delta s = s_2 - s_1$. Jetzt steht
jedoch $s = s_2 - s_1$ in Gl. 4.5. Warum? Es handelt sich auch hier wieder nur um
individuelle Definitionen – wie sie Ihnen in Büchern und Vorlesungen immer
wieder über den Weg laufen werden.

Beispiel

Wir berechnen jetzt die Arbeit, um einen Schlitten von $x_1 = 1\,\mathrm{m}$ bis $x_1 = 3\,\mathrm{m}$ zu
bewegen. Dabei soll gelten, dass er parallel zur Erdoberfläche gezogen und dazu
eine Kraft von $F = 20\,\mathrm{N}$ aufgewendet wird (siehe Abb. 4.1a). Dafür muss die
Reibungskraft zwischen Schlitten und schneebedeckter Erdoberfläche überwun-
den werden. Die benötigte Arbeit berechnen wir also mit der Reibungskraft, die
immer parallel zur Oberfläche wirkt, wie schon in Abschn. 3.3.5 gelernt.

Abb. 4.1 Ein Schlitten wird
parallel (**a**) bzw. schräg (**b**)
zur Erdoberfläche von x_1
nach x_2 gezogen

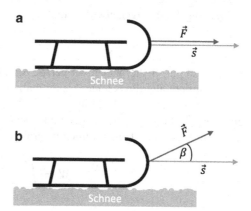

Lösung: Für den zurückgelegten Weg gilt $s = x_2 - x_1 = 3\,\text{m} - 1\,\text{m} = 2\,\text{m}$. Die Arbeit wird dann mit $W_R = Fs = 20\,\text{N} \cdot 2\,\text{m} = 40\,\text{Nm} = 40\,\text{J}$ berechnet, wobei $F = F_R$ gilt.

Beispiel 2

Ein anderer Fall: Das Seil verläuft nicht parallel, sondern schräg zur Erdoberfläche. Das macht es etwas kniffliger. Denn hier wirkt auch die Kraft schräg zur Erdoberfläche. Dieser Fall ist in Abb. 4.1b dargestellt.

Dafür brauchen wir das Skalarprodukt, gebildet aus Kraftvektor und Wegvektor:

$$W = \mathbf{F} \cdot \mathbf{s} = Fs\cos(\beta). \tag{4.7}$$

Das Skalarprodukt bewirkt, dass nur die Kraft, die in Wegrichtung wirkt, mit dem zurückgelegten Weg multipliziert wird. In unserem Beispiel mit dem Schlitten, ist es also nur der Teil der Gesamtkraft, die parallel zur Erdoberfläche wirkt.

Für unseren Schlitten gilt es jetzt also, die geleistete Arbeit zu berechnen: Er wird von $x_1 = 1\,\text{m}$ bis $x_1 = 3\,\text{m}$ gezogen. Der Winkel des Seils zur Erdoberfläche beträgt 30°. Dafür wird folgende Kraft gebraucht: $F = 20\,\text{N}$.

Lösung: Es gilt wieder $s = x_2 - x_1 = 3\,\text{m} - 1\,\text{m} = 2\,\text{m}$. Diesmal wird der Schlitten allerdings mit einem Winkel von 30° zur Erdoberfläche gezogen. Deshalb muss die Arbeit berechnet werden mit

$$W = \mathbf{F} \cdot \mathbf{s} = Fs\cos(\beta) = 20\,\text{N} \cdot 2\,\text{m} \cdot \cos(30°) = 34{,}64\,\text{Nm} = 34{,}64\,\text{J}. \tag{4.8}$$

Übrigens Diese Beispiele machen klar, gleicher Kraftaufwand heißt nicht automatisch gleiche Arbeit. Tatsächlich ist die Arbeit größer, wenn die Kraft parallel zur Erdoberfläche wirkt. Das liegt daran, dass nur ein Teil der Kraft der Reibungskraft entgegenwirken muss.

So weit, so gut. Bisher haben wir gerade Strecken und konstante Kräfte betrachtet. Das entspricht allerdings leider wenig realistischen Rechenaufgaben. In der Praxis ändern sich Strecken und Kräfte. Für Ihre Berechnung bedeutet dies, dass Sie jeden einzelnen Teilabschnitt berechnen und anschließend summieren müssen. Das führt zu einem Wegintegral, auch Linienintegral genannt:

$$W = \int_{r_1}^{r_2} \mathbf{F} \cdot d\mathbf{r} \tag{4.9}$$

Zugegeben: Die Gl. 4.9 ist mathematisch sehr anspruchsvoll. Doch sie zu verstehen, lohnt sich. Sie können sie nutzen, um verschiedene Arten von Arbeit herzuleiten.

Übrigens: Die Formel 4.9 setzt die Vektoren **F** und **r** voraus, die im Allgemeinen drei Raumrichtungen besitzen. Zum Verständnis werden wir zunächst jedoch bei einer Raumrichtung bleiben, um das Integral zu vereinfachen. Betrachten wir z. B. nur die x-Richtung, so können wir Formel 4.9 umschreiben zu

$$W = \int_{x_1}^{x_2} F_x \, dx. \tag{4.10}$$

4.2.2 Hubarbeit und potenzielle Energie

Weiter geht's mit einer weiteren Form der Arbeit: **Hubarbeit.** Hierbei benötigen wir Kraft, um z. B. einen Apfel von der Erdoberfläche hochzuheben und damit die Gewichtskraft $F_g = mg$ zu kompensieren.

Ein konkretes Beispiel: Der Apfel hängt am Baum, wie in Abb. 4.2. Er besitzt daher potenzielle Energie, also das Potenzial Arbeit zu verrichten. Indem er nun herunterfällt, wird Arbeit verrichtet. Die potenzielle Energie wird in kinetische Energie umgewandelt. Es handelt sich jetzt um negative Arbeit, denn der Apfel hat die Energie an die Umgebung abgegeben. Hängen wir nun den Apfel wieder auf, fließt Energie aus der Umgebung in den Apfel. Diese Arbeit ist nun positiv.

Setzen wir die Gewichtskraft in die Gl. 4.10 ein und betrachten die z-Richtung, so erhalten wir

$$W_H = \int_{z_1}^{z_2} mg \, dz = mg(z_2 - z_1) = mg\Delta z \tag{4.11}$$

Das entspricht der Hubarbeit. In der Schule haben Sie wahrscheinlich statt Δz die Höhe h verwendet – und damit den Koordinatenursprung auf der Erdoberfläche gewählt.

Wie wir auch in Abschn. 3.6 gesehen haben, ist das in der Realität natürlich nicht immer der Fall. Δz ist also sinnvoller – und auch im Studium üblich.

Abb. 4.2 Ein Apfel fällt vom Baum. Also wird positive Arbeit verrichtet. Hängen wir den Apfel wieder auf, wird negative Arbeit verrichtet. In beiden Fällen wird Energie umgewandelt

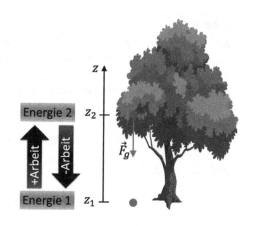

Und nun zur Energie: Durch die Hubarbeit W_H wurde die **potenzielle Energie** oder auch Lageenergie E_{pot} des Apfels umgewandelt. Da wir wissen, dass $W_H = mg\Delta z = mg(z_2 - z_1)$ gilt, können wir auch schreiben $W_H = mg(z_2 - z_1) = mgz_2 - mgz_1$. Durch den Zusammenhang zwischen Arbeit und Energie $W = \Delta E = E_2 - E_1$ (Formel 4.4) lassen sich damit die einzelnen Energien bestimmen.

Wir erhalten für die potenzielle Energie:

$$E_{pot} = mgz \qquad (4.12)$$

Zusammenfassend können wir schreiben:

$$W_H = E_{pot2} - E_{pot1} = mgz_2 - mgz_1 = mg(z_2 - z_1) = mg\Delta z \qquad (4.13)$$

Beispiel

Jetzt berechnen wir die Hubarbeit, um einen Apfel ($m = 0{,}25$ kg), den wir in der Hand halten ($z_1 = 1{,}5$ m), auf ein Regal ($z_2 = 2$ m) zu legen.

Lösung: In der Schule haben Sie wahrscheinlich gelernt, die Hubarbeit mit $W_H = mgh$ zu berechnen. Dies führt dazu, dass viele Studierende für die Höhe h irrtümlicherweise die gesamte Höhe ausgehend vom Erdboden verwenden. In unserem Beispiel wäre das 2 m und somit $W_H = mgh = 0{,}25$ kg $\cdot$ 9,81 m/s^2 $\cdot$ 2 m $= 4{,}9$ J. Das aber ist falsch. Schauen Sie sich also die Fragestellung genau an. Sie lautet: Wie viel Hubarbeit ist nötig, um den Apfel von $z_1 = 1{,}5$ m nach $z_2 = 2$ m zu heben. Hier hilft die im Studium übliche Schreibweise, derartige Fehler zu vermeiden. Wir schreiben also $W_H = mg(z_2 - z_1)$. Damit erhalten wir

$$W_H = 0{,}25 \, \text{kg} \cdot 9{,}81 \, \frac{\text{m}}{\text{s}^2} \cdot (2\,\text{m} - 1{,}5\,\text{m}) = 1{,}2 \, \text{J}. \qquad (4.14)$$

Wir benötigen also nur 1,2 J, um den Apfel ins Regal zu legen. Klar: Der Weg ist nicht weit, wir halten ihn ja bereits in der Hand.

Beispiel

Jetzt wollen wir die potenzielle Energie des Apfels ($m = 0{,}25$ kg) berechnen, wenn er sich in einer Höhe von $z_1 = 1{,}5$ m bzw. in einer Höhe von $z_2 = 2$ m befindet.

Lösung: Die potenzielle Energie berechnen wir mit der Gl. 4.12. Für $z_1 = 1{,}5$ m erhalten wir

$$E_{pot1} = 0{,}25 \, \text{kg} \cdot 9{,}81 \, \text{m/s}^2 \cdot 1{,}5 \, \text{m} = 3{,}7 \, \text{J} \qquad (4.15)$$

und für $z_2 = 2$ m erhalten wir

$$E_{pot2} = 0{,}25 \, \text{kg} \cdot 9{,}81 \, \text{m/s}^2 \cdot 2 \, \text{m} = 4{,}9 \, \text{J}. \qquad (4.16)$$

Übrigens: Mit der Gl. 4.13 können wir die Hubarbeit auch über einen anderen Weg berechnen, denn es gilt

$$W_H = E_{pot2} - E_{pot1} = 4{,}9\,\text{J} - 3{,}7\,\text{J} = 1{,}2\,\text{J}, \qquad (4.17)$$

Das entspricht dem Ergebnis aus dem vorangegangenen Beispiel. Also alles richtig gemacht.

Um sicherzugehen, dass Sie wirklich alles verstanden haben, hilft es hier, noch einmal die Definition der Arbeit anzuschauen: Laut Gl. 4.4 ist Arbeit gleich Energiedifferenz. Um diese zu ermitteln, ist im Fall der Hubarbeit der Höhenunterschied $\Delta z = z_2 - z_1$ entscheidend. Das können wir uns nun auch noch einmal anhand der Kraft-Weg-Funktion in Abb. 4.3 verdeutlichen. Die Arbeit ist das Integral der Kraft über den Weg. Damit entspricht die Hubarbeit der Fläche unter der Funktion in Abb. 4.3. Wählen wir eine Anfangshöhe, so bleibt die Fläche ebenfalls die gleiche, da die Differenz die gleiche bleibt und die Kraft (Gewichtskraft F_g) konstant ist.

4.2.3 Verformungsarbeit, -energie und die Feder

Um ein Objekt zu verformen, verrichten Sie **Verformungsarbeit** oder auch Spannarbeit. Die Feder ist hier ein sehr beliebtes Beispiel vieler Lehrbücher. Deshalb bleiben auch wir dabei. Entsprechend heißt die hier verwendete Kraft auch Federkraft.

Die Formel zur Berechnung lässt sich nun herleiten. Hierzu setzen wir die Federkraft $F_F = kx$ in die Gl. 4.10 ein und erhalten durch Integration:

$$W_S = \int_{x_1}^{x_2} kx\,\mathrm{d}x = \frac{k}{2}(x_2^2 - x_1^2) \qquad (4.18)$$

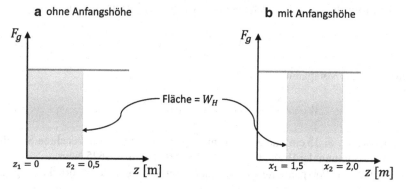

Abb. 4.3 Die Fläche unter der Kraft-Weg-Funktion ist gleich der Hubarbeit für (**a**) ohne Anfangshöhe und (**b**) mit Anfangshöhe. Die beiden Flächen sind gleich groß, da die Kraft konstant und die Wegdifferenz $\Delta x = x_2 - x_1$ in (a) und (b) gleich ist

Achtung Viele Studierende machen hier Fehler. Sie berechnen nicht etwa $x_2^2 - x_1^2$, sondern fälschlicherweise $(x_2 - x_1)^2$. Es gilt aber $x_2^2 - x_1^2 \neq (x_2 - x_1)^2$. Sie können das leicht nachvollziehen, indem Sie die zweite binomische Formel hiermit vergleichen: $(x_2 - x_1)^2 = x_2^2 - 2x_2x_1 + x_1^2$

Jetzt zur Verformungs-, Spann- oder auch Federenergie: Diese ist in unserer Feder aufgrund ihrer Verformung bereits enthalten. Also handelt es sich um potenzielle Energie. Entsprechend kann die **Energie einer Feder** ebenfalls über die Definition der Arbeit (Formel 4.4) hergeleitet werden. Es gilt also $W_h = \frac{k}{2}(x_2^2 - x_1^2) = \frac{k}{2}x_2^2 - \frac{k}{2}x_1^2 = E_{pot2} - E_{pot1}$. Damit kann die Energie mit

$$E_S = E_{pot} = \frac{k}{2}x^2 \qquad (4.19)$$

berechnet werden.

Wir fassen zusammen:

$$W_S = E_{S2} - E_{S1} = E_{pot2} - E_{pot1} = \frac{k}{2}(x_2^2 - x_1^2) = \frac{k}{2}x_2^2 - \frac{k}{2}x_1^2 \qquad (4.20)$$

Beispiel

Wir berechnen die Verformungsarbeit, um eine Feder mit der Federkonstanten von $k = 50\,\text{N/cm}$

1. ohne Vorspannung (also von $x_0 = 0\,\text{cm}$) und
2. von der Vorspannlänge $x_1 = 10\,\text{cm}$

um jeweils $\Delta x = 15\,\text{cm}$ zusammenzudrücken. Abb. 4.4 zeigt, wie es gemeint ist.

Lösung: In beiden Fällen berechnen wir die Verformungsarbeit mit:

$$W_S = \frac{k}{2}(x_2^2 - x_1^2) \qquad (4.21)$$

Im Fall ohne Vorspannung gilt:

$$W_S = \frac{50}{2}\frac{N}{cm}((15\,\text{cm})^2 - (0\,\text{cm})^2) = 56{,}25\,\text{J}, \qquad (4.22)$$

wobei wir $x_2 = 15\,\text{cm}$ und $x_1 = 0\,\text{cm}$ eingesetzt haben. Bitte beachten Sie: Bei der Umrechnung der Einheit gilt $56{,}25\,\text{J} = 56{,}25\,\text{Nm} = 5625\,\text{Ncm}$.

Im Fall mit Vorspannung ist die Feder bereits ein Stück eingedrückt. Es gilt:

$$W_S = \frac{50}{2}\frac{N}{cm}((25\,\text{m})^2 - (10\,\text{cm})^2) = 131{,}25\,\text{J}, \qquad (4.23)$$

wobei wir diesmal $x_2 = 10 + 15\,\text{cm} = 25\,\text{cm}$ und $x_1 = 10\,\text{cm}$ genutzt haben.

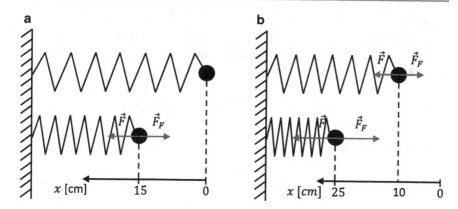

Abb. 4.4 Eine Feder wird ohne Vorspannung (**a**) bzw. mit Vorspannung (**b**) um jeweils 15 cm zusammengedrückt

Auch hier kommt es oft zu Fehlern. Viele Studierende nehmen an, dass die Verformungsarbeit die gleiche ist, wenn der Weg $\Delta x = 15$ cm der gleiche ist. Das ist aber leider falsch.

Das Beispiel zeigt, dass die Verformungsarbeit nicht linear, sondern quadratisch vom Weg abhängig ist. Es verhält sich hier also anders als bei der Hubarbeit. Die grafische Darstellung des Integrals zeigt das noch einmal deutlich. In Abb. 4.5 sehen Sie: Die Fläche unter der Kraft-Weg-Funktion (die wir bereits in Abschn. 3.3.3 kennengelernt haben) ist gleich der Spannarbeit. Hier wird auf einen Blick klar, dass die Fläche hier größer ist, obwohl die Wegdifferenz von $\Delta x = 15$ cm die gleiche ist. Zur Erinnerung: Bei der Hubarbeit war die (Gewichts-)Kraft konstant. Deshalb war bei gleicher Wegdifferenz auch die Arbeit gleich groß.

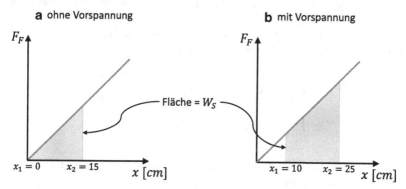

Abb. 4.5 Die Fläche unter der Kraft-Weg-Funktion ist gleich der Spannarbeit für (**a**) ohne Vorspannung und (**b**) mit Vorspannung. Die beiden Flächen sind nicht gleich groß, obwohl die Wegdifferenz $\Delta x = x_2 - x_1$ gleich groß ist. Das liegt daran, dass die Kraft sich in Abhängigkeit des Weges ändert

Beispiel

Jetzt berechnen wir die Spannenergie einer Feder ($k = 50\,\text{N/cm}$), die um $x_1 = 10\,\text{cm}$ bzw. $x_2 = 25\,\text{cm}$ zusammengedrückt ist.

Lösung: Mit Gl. 4.19 erhalten wir für $x_1 = 10\,\text{cm}$

$$E_{S1} = E_{pot1} = \frac{50}{2}\frac{\text{N}}{\text{cm}} \cdot (10\,\text{cm})^2 = 25\,\text{J} \qquad (4.24)$$

und für $x_2 = 25\,\text{cm}$

$$E_{S2} = E_{pot2} = \frac{50}{2}\frac{\text{N}}{\text{cm}} \cdot (25\,\text{cm})^2 = 156{,}25\,\text{J} \qquad (4.25)$$

Auch hier können wir die entsprechende Arbeit über die Energiedifferenz berechnen. Es ergibt sich

$$W_S = E_{S2} - E_{S1} = 156{,}25\,\text{J} - 25\,\text{J} = 131{,}25\,\text{J} \qquad (4.26)$$

Wir erhalten das gleiche Ergebnis wie bei der vorangegangenen Aufgabe. Das macht noch einmal ganz deutlich, wie Arbeit und Energie zusammenhängen: Arbeit ist immer Energiedifferenz.

4.2.4 Beschleunigungsarbeit und kinetische Energie

Jetzt geht's an die Beschleunigungsarbeit. Sie dient dazu, die Geschwindigkeit eines Objekts zu steigern. Sie brauchen sie etwa, um Ihr Auto auf dem Beschleunigungsstreifen in Fahrt zu bringen.

Um sie zu berechnen, setzten wir die Beschleunigungskraft $F_B = ma_x$ in die Gl. 4.10 ein und erhalten die **Beschleunigungsarbeit:**

$$W_B = \int_{x_1}^{x_2} ma_x \mathrm{d}x = \int_{x_1}^{x_2} m\frac{\mathrm{d}v_x}{\mathrm{d}t}\mathrm{d}x = \int_{v_1}^{v_2} m\frac{\mathrm{d}x}{\mathrm{d}t}\mathrm{d}v_x$$
$$= \int_{v_1}^{v_2} mv_x \mathrm{d}v_x = \frac{m}{2}(v_{x2}^2 - v_{x1}^2) \qquad (4.27)$$

Wir können die Beschleunigungsarbeit noch weiter umschreiben, um so die einzelnen Zustände zu bestimmen:

$$W_B = \frac{m}{2}(v_{x2}^2 - v_{x1}^2) = \frac{m}{2}v_{x2}^2 - \frac{m}{2}v_{x1}^2 = E_2 - E_1 \qquad (4.28)$$

Diesmal verfügen die beiden Zustände über kinetische Energie. Wie Sie schon wissen, bezeichnet **kinetische Energie** diejenige Energie, die ein Körper aufgrund seiner Bewegung enthält. Sie wird berechnet durch:

$$E_{kin} = \frac{m}{2} v_x^2 \tag{4.29}$$

Beispiel

Wir berechnen die Beschleunigungsarbeit, die ein Auto mit der Masse $m = 500\,kg$ benötigt, wenn es von 50 km/h auf 120 km/h beschleunigt.

Lösung: Zunächst rechnen wir die Geschwindigkeit in SI-Einheiten um. Es gilt 50 km/h = 13,89 m/s und 50 km/h = 33,33 m/s.

Übrigens: Tipps zur Umrechnung finden Sie im Abschn. 2.2.2.

Die Beschleunigungsarbeit berechnen wir mit der Gl. 4.27. Wir erhalten mit den gegebenen Größen:

$$W_B = \frac{500}{2}\,kg \cdot ((33{,}33\,m/s)^2 - (13{,}89\,m/s)^2) = 229489{,}2\,J \tag{4.30}$$

Auch bei der Beschleunigungsarbeit müssen wir die Geschwindigkeit quadrieren. Dabei wird klar, dass gleiche Arbeit nicht automatisch gleiche Geschwindigkeitsdifferenz bedeutet.

4.3 Der Energieerhaltungssatz

Energie ist da, immer. Sie kann weder vernichtet noch erzeugt, sondern nur umgewandelt werden. Das wissen Sie schon. Daraus ergibt sich nun auch der Energieerhaltungssatz. Er hilft bei vielen physikalischen Fragen und ist prüfungsrelevant für die ersten Semester. Er hält – unter der Vereinfachung, dass nur potenzielle und kinetische Energien betrachtet werden – fest, dass die Summe der potenziellen und der kinetischen Energie eines Körpers konstant ist:

$$E_{pot} + E_{kin} = konstant \tag{4.31}$$

▶ **Merke** Wenn wir zwei Zustände betrachten, so ergibt sich für den **Energieerhaltungssatz:**

$$E_1 = E_2 \tag{4.32}$$

$$E_{pot1} + E_{kin1} = E_{pot2} + E_{kin2} \tag{4.33}$$

$$mgz_1 + \frac{m}{2} v_1^2 = mgz_2 + \frac{m}{2} v_2^2 \tag{4.34}$$

- Die einzelnen Zustände werden mit 1, 2, 3 usw. durchnummeriert.
- Die Zeit spielt beim Energieerhaltungssatz keine Rolle.
- Dennoch werden die Zustände der zeitlichen Reihenfolge nach nummeriert.
- Der Energieerhaltungssatz ist richtungsunabhängig. Es ist also egal, in welche Richtung z. B. ein Auto fährt.

Dieser Energieerhaltungssatz ist ein wichtiges Werkzeug, um Physikklausuren zu überstehen. Damit Sie auch die kniffligen Aufgaben meistern, wenden Sie ihn am besten mit folgendem Rezept an:

▶   **Rezept für den Energieerhaltungssatz**

1. Skizze mit einzelnen Zuständen erstellen,
2. jedem Zustand eine Energieart zuschreiben,
3. Energieerhaltungssatz aufstellen: $E_{pot} + E_{kin} = konstant$,
4. eventuell nicht vorhandene Energien rauskürzen,
5. Formeln für die einzelnen Energien einsetzen: z. B. $E_{pot} = mgz$ und
6. nach der gesuchten Größe umstellen.

Und jetzt ein Beispiel:

Beispiel

Wir berechnen die Geschwindigkeit eines Apfels, wenn er von einem 2 m hohen Baum auf die Erdoberfläche fällt.

Lösung: Laut Rezept beginnen wir mit einer Skizze und tragen die einzelnen Zustände der zeitlichen Reihenfolge nach ein: 1. Der Apfel hängt am Baum. 2. Der Apfel trifft auf die Erdoberfläche. Abb. 4.6 zeigt, wie es aussehen soll.

Gut aufgepasst? Damit es richtig wird, haben Sie folgende Punkte beachtet:

Abb. 4.6 Der Apfel befindet sich im ersten Zustand am Baum. Er besitzt potenzielle Energie

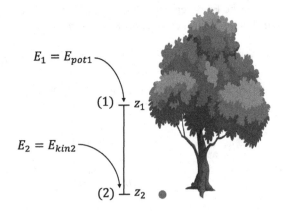

1. Der Apfel hängt zunächst in Ruhe am Baum, besitzt also potenzielle, aber keine kinetische Energie. Irgendwann fällt er auf den Boden. Sobald er auftrifft, besitzt er nur noch kinetische, aber keine potenzielle Energie mehr. Anders gesagt: Die potenzielle Energie wird vollständig in kinetische Energie umgewandelt.

2. Die Bezeichnung für die Zustände (1) und (2) müssen wir im Hinterkopf behalten, um nicht durcheinander zu geraten. Denn üblicherweise wird der obere Punkt mit z_2 bezeichnet, der niedrige mit z_1. Hier ist es andersherum.

3. Erinnern Sie sich: Die Richtung spielt keine Rolle. Es ist also egal, in welche Richtung der Pfeil der z-Achse zeigt und in welche Richtung der Apfel fällt. Deshalb haben wir den Pfeil in unserer Skizze einfach weggelassen.

Jetzt geht's endlich ans Rechnen mit dem Energieerhaltungssatz:

$$E_{pot1} + E_{kin1} = E_{pot2} + E_{kin2} \tag{4.35}$$

Laut Rezept werden jetzt eventuell nicht vorhandene Energien herausgekürzt. In diesem Fall haben wir in Zustand (1) nur potenzielle Energie ($z_1 = 2$ kg), da sich der Apfel nicht bewegt ($v_1 = 0$ m/s). In Zustand (2) haben wir nur kinetische Energie $v_1 > 0$ m/s, denn der Apfel trifft mit einer bestimmten Geschwindigkeit auf den Erdboden. Hier kann er aber keine potenzielle Energie mehr besitzen ($z_2 = 0$ kg). Damit können wir den Energieerhaltungssatz kürzen und erhalten:

$$E_{pot1} = E_{kin2} \tag{4.36}$$

Wenn wir jetzt die Formeln für die einzelnen Energien einsetzen, erhalten wir

$$mgz_1 = \frac{m}{2}v_2^2 \tag{4.37}$$

Gesucht ist die Geschwindigkeit beim Aufprall des Apfels. Deshalb stellen wir die Gleichung nach v_2 um und setzen gegebene Größen ein:

$$v_2 = \sqrt{2gz_1} = \sqrt{2 \cdot 9{,}81 \frac{m}{s^2} \cdot 2\,m} = 6{,}3 \frac{m}{s} \tag{4.38}$$

Schon bemerkt? Mit dem Energieerhaltungssatz ist es möglich, die Geschwindigkeit eines fallenden Objektes zu berechnen, ohne seine Masse zu kennen.

4.4   Energie- und Impulserhaltungssatz kombinieren

Aus Abschn. 3.4 kennen Sie bereits den Impulserhaltungssatz für einen geraden Stoß-vorgang mit konstanter Masse:

$$m_1 v_{x1} + m_2 v_{x2} = m_1 v'_{x1} + m_2 v'_{x2} \qquad (4.39)$$

Vielleicht erinnern Sie sich an Kap. 3. Hier haben wir festgestellt, dass sich mit dem Impulserhaltungssatz nicht die Geschwindigkeit nach einem Stoßvorgang errechnen ließ. Jetzt wird diese Lücke geschlossen. Wir kombinieren dafür den Impulserhaltungssatz einfach mit dem Energieerhaltungssatz. So ermitteln wir nicht nur die Geschwindigkeiten nach einem Stoß, sondern auch die Energie, die dabei in Wärme umgewandelt wird.

Hierfür unterscheiden wir beim Rechnen zwischen unelastischen und elastischen Stößen. Dazu mehr in den folgenden Abschnitten.

4.4.1   Unelastischer Stoß

Wir fangen an mit dem unelastischen Stoß. Hier bewegen sich zwei Objekte nach einem Stoß gemeinsam und mit der gleichen Geschwindigkeit weiter. Die Rede ist auch vom plastischen oder inelastischen Stoß. Für ihn gilt $v'_{x1} = v'_{x2} = u$. Dabei steht u für die gemeinsame Geschwindigkeit nach dem Stoß.

Für den Impulserhaltungssatz gilt:

$$m_1 v_{x1} + m_2 v_{x2} = (m_1 + m_2)u \qquad (4.40)$$

Damit erhalten wir die Geschwindigkeit nach dem Stoßvorgang:

$$u = \frac{m_1 v_{x1} + m_2 v_{x2}}{m_1 + m_2} \qquad (4.41)$$

Ein Teil der Energie wird aufgrund von innerer Reibung (Was ist das? Nachlesen im Vokabelheft) bei der Verformung in Wärme umgewandelt. Wärme als Energieform schauen wir uns im nächsten Kapitel genauer an. Doch auch mit unserem bisherigen Wissen können wir diese Energie bereits berechnen. Für den Energieerhaltungssatz gilt für diesen Fall:

$$E_{kin}^{vorher} = E_{kin}^{nachher} + \Delta E \qquad (4.42)$$

- Hierbei gehen wir von einem Stoß am Erdboden aus ($E_{pot} = 0$).
- Die kinetischen Energien werden vor (E_{kin}^{vorher}) und nach ($E_{kin}^{nachher}$) einem Stoß betrachtet.
- Die Indizes *vorher* und *nachher* schreiben wir oben rechts an das Formelzeichen, so bleibt es übersichtlich.

- Das ΔE steht hierbei für eine kleine Energiedifferenz. In diesem Fall handelt es sich um Wärmemenge.
- Durch die Energieumwandlung in Wärme, muss die Geschwindigkeit und damit die kinetische Energie nach dem Stoß geringer sein als vor dem Stoß ($E_{kin2} < E_{kin1}$).

▶   **Merke** Beim unelastischen Stoß bleibt die Summe der kinetischen Energien der beteiligten Objekte nicht konstant. Ein Teil der kinetischen Energie wird in Wärme umgewandelt.

Die Differenz zwischen den kinetischen Energien (vorher und nachher) entspricht der Wärme ΔE. Deshalb können wir die Gleichung umstellen zu:

$$\Delta E = E_{kin}^{vorher} - E_{kin}^{nachher} \tag{4.43}$$

An dieser Stelle ist es wichtig zu erkennen, dass E_{kin}^{vorher} die kinetische Energie nicht nur eines, sondern beider Körper meint. Es gilt also

$$E_{kin}^{vorher} = \frac{m_1}{2}v_1^2 + \frac{m_2}{2}v_2^2, \tag{4.44}$$

wobei m_1 des ersten und m_2 des zweiten Körpers entspricht. Das Gleiche gilt für die Geschwindigkeiten v_1 und v_2. 1 und 2 entsprechen hier also nicht zwei Zuständen. Wir unterscheiden hiermit die beiden Körper. Für den zweiten Zustand, also nach dem Stoß, betrachten wir schließlich nur noch einen Körper, der sich aus den beiden Massen m_1 und m_2 zusammensetzt und die Geschwindigkeit u besitzt. Es gilt damit:

$$E_{kin}^{nachher} = \frac{m_1 + m_2}{2}u^2 \tag{4.45}$$

Wenn wir alles einsetzen, erhalten wir

$$\begin{aligned}
\Delta E &= \frac{m_1}{2}v_1^2 + \frac{m_2}{2}v_2^2 - \frac{m_1 + m_2}{2}u^2 \\
&= \frac{m_1}{2}v_1^2 + \frac{m_2}{2}v_2^2 - \frac{m_1 + m_2}{2}\left(\frac{m_1 v_{x1} + m_2 v_{x2}}{m_1 + m_2}\right)^2 .
\end{aligned} \tag{4.46}$$

Durch Umformen der Gleichung erhalten wir schließlich für die erzeugte Wärme:

$$\Delta E = \frac{1}{2}\frac{m_1 m_2}{m_1 + m_2}(v_1 - v_2)^2 \tag{4.47}$$

Beispiel

Ein Zug ($m_1 = 5000\,\text{kg}$) fährt mit $v_{x1} = 30\,\text{m/s}$ gegen einen Baumstamm ($v_{x2} = 0\,\text{m/s}$, $m_2 = 80\,\text{kg}$) und reißt ihn mit. Wir berechnen die Geschwindigkeit des Zuges nach dem Stoß (Aufprall) sowie die Wärmemenge, die durch den Aufprall erzeugt wird.

Lösung: Mit der Gl. 4.41 erhalten wir die Geschwindigkeit nach dem Stoß:

$$u = \frac{5000\,\text{kg} \cdot 30\,\text{m/s} + 80\,\text{kg} \cdot 0\,\text{m/s}}{5000\,\text{kg} + 80\,\text{kg}} = 29{,}5\frac{\text{m}}{\text{s}} \tag{4.48}$$

Jetzt können wir die Gl. 4.47 nutzen, um die umgewandelte Wärme zu berechnen:

$$\Delta E = \frac{1}{2}\frac{5000\,\text{kg} \cdot 80\,\text{kg}}{5000\,\text{kg} + 80\,\text{kg}}(30\,\text{m/s} - 0\,\text{m/s})^2 = 35433\,\text{J} \tag{4.49}$$

Um uns zu vergegenwärtigen, wie viel Wärmeenergie dies entspricht, berechnen wir die kinetische Energie vor dem Aufprall. Dazu nutzen wir Gl. 4.44 und erhalten

$$E_{kin}^{vorher} = \frac{5000\,\text{kg}}{2}(30\,\text{m/s})^2 + \frac{80\,\text{kg}}{2}(0\,\text{m/s})^2 = 2250000\,\text{J}. \tag{4.50}$$

Das heißt, es wurden nur 1,6% der kinetischen Energie in Wärme umgewandelt.

Beispiel

Wir wollen jetzt die Geschwindigkeit berechnen, die beide Körper, also Zug und Baum, nach dem Aufprall besitzen.

Lösung: Hierzu stellen wir die Gl. 4.43 nach der kinetischen Energie nach dem Aufprall um, setzen die Gl. 4.45 ein und erhalten:

$$\frac{m_1 + m_2}{2}u^2 = E_{kin}^{vorher} - \Delta E \tag{4.51}$$

Durch weiteres Umstellen nach der Geschwindigkeit u erhalten wir:

$$u = \sqrt{\frac{2(E_{kin}^{vorher} - \Delta E)}{m_1 + m_2}} \tag{4.52}$$

Mit den Ergebnissen des vorhergehenden Beispiels können wir nun die Geschwindigkeit des Zuges und des Baums nach dem Aufprall berechnen:

$$u = \sqrt{\frac{2 \cdot (2250000\,\text{J} - 35433\,\text{J})}{5000\,\text{kg} + 80\,\text{kg}}} = 29{,}5\,\text{m/s} \tag{4.53}$$

Der Zug fährt also nach dem Stoß etwa 0,5 m/s langsamer als vorher.

4.4.2 Elastischer Stoß

Nun zur Berechnung von Geschwindigkeit und Wärmeenergie beim **elastischen Stoß**. Bei **elastischen Stößen** bewegen sich beide Körper nach dem Aufprall getrennt voneinander und mit unterschiedliche Geschwindigkeiten weiter. Hierbei bleibt die kinetische Energie erhalten und wird nicht teilweise in Wärme umgewandelt.

▶ **Merke** Beim elastischen Stoß bleibt die Summe der kinetischen Energien aller beteiligten Objekte konstant.

Mit der kinetischen Energie vor dem Stoß

$$E_{kin}^{vorher} = \frac{m_1}{2}v_1^2 + \frac{m_2}{2}v_2^2, \tag{4.54}$$

und nach dem Stoß

$$E_{kin}^{nachher} = \frac{m_1}{2}v_1'^2 + \frac{m_2}{2}v_2'^2 \tag{4.55}$$

gilt für den elastischen Stoß:

$$E_{kin}^{vorher} = E_{kin}^{nachher}$$
$$\frac{m_1}{2}v_1^2 + \frac{m_2}{2}v_2^2 = \frac{m_1}{2}v_1'^2 + \frac{m_2}{2}v_2'^2 \tag{4.56}$$

Durch geeignetes Umformen erhalten wir für die Geschwindigkeit des ersten Körpers nach dem Stoß:

$$v_1' = \frac{m_1 - m_2}{m_1 + m_2}v_1 + \frac{2m_2}{m_1 + m_2}v_2 \tag{4.57}$$

Für die Geschwindigkeit des zweiten Körpers nach dem Stoß erhalten wir:

$$v_2' = \frac{m_2 - m_1}{m_1 + m_2}v_2 + \frac{2m_1}{m_1 + m_2}v_1 \tag{4.58}$$

Beispiel

An einem Seil mit einer Länge von $l = 0,5$ m hängt eine Kugel mit der Masse 2 kg, die um den Winkel $\alpha = 30°$ ausgelenkt wird. Nachdem die Kugel losgelassen wurde, trifft sie im tiefsten Punkt auf eine zweite Kugel mit der Masse 5 kg. Wir wollen jetzt 1) die Geschwindigkeit berechnen, mit der die erste Kugel auf die zweite trifft, und 2) die Geschwindigkeit der zweiten Kugel nach dem Stoß ermitteln.

Lösung: Dazu verwenden wir den Energieerhaltungssatz. Nach unserem Rezept erstellen wir zunächst eine Skizze und tragen die einzelnen Zustände ein wie in Abb. 4.7. An die Zustände schreiben wir nun die jeweiligen Energien.

Abb. 4.7 Ein Pendel mit
zwei Kugeln: Eine Kugel
wird ausgelenkt und trifft im
tiefsten Punkt auf die
schwerere Kugel

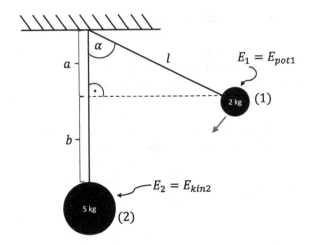

In diesem Fall ist $E_1 = E_{pot1}$, da die Kugel ausgelenkt, aber in Ruhe ist. Im zweiten Zustand besitzt sie allerdings keine potenzielle Energie, da diese komplett in kinetische Energie umgewandelt wurde. Somit gilt $E_2 = E_{kin2}$. Jetzt können wir den Energieerhaltungssatz aufstellen:

$$E_1 = E_2 \tag{4.59}$$

$$E_{pot1} = E_{kin2} \tag{4.60}$$

$$m_1 g z_1 = \frac{m_1}{2} v_2^2 \tag{4.61}$$

An dieser Stelle ist es hilfreich, dass wir uns noch einmal die Indizes bewusst machen. Wir haben bisher nur den ersten Körper betrachtet. Deshalb müssen wir sowohl in Zustand (1) als auch in Zustand (2) die Masse m_1 einsetzen. Der Unterschied zwischen den Zuständen wird jedoch bei der Höhe, die mit z_1 angegeben ist, und bei der Geschwindigkeit, die mit v_2 bezeichnet wird, sichtbar.

Durch Umstellen nach der gesuchten Variablen (v_2) erhalten wir

$$v_2 = \sqrt{2 g z_1}. \tag{4.62}$$

Vielleicht fragen Sie sich, wie groß z_1 ist. Wir haben keine Angabe darüber, wie hoch das Pendel befestigt ist. Doch das ist auch nicht notwendig. Für uns entscheidend, ist allein der Höhenunterschied zwischen der ersten (ausgelenkten) Kugel und der Kugel im Tiefstpunkt. Diesen Höhenunterschied erhalten wir, indem wir den Kosinussatz anwenden

$$\cos(\alpha) = \frac{a}{l} \tag{4.63}$$

und anschließend in die Formel $l = a + b$ einsetzen und umstellen, sodass wir den Ausdruck

$$b = l - l\cos(\alpha) = l(1 - \cos(\alpha)) \tag{4.64}$$

erhalten. Da für uns nur der Höhenunterschied b entscheidend ist, gilt $b = z_1$ und somit

$$v_2 = \sqrt{2gl(1 - \cos(\alpha))} = \sqrt{2 \cdot 9{,}81 \frac{m}{s^2} \cdot 0{,}5\,m \cdot (1 - \cos(30°))} = 2{,}88 \frac{m}{s}.$$
$$(4.65)$$

Als Nächstes berechnen wir jetzt die Geschwindigkeit der zweiten Kugel nach dem Stoß. Dazu nutzen wir die Gl. 4.58. Da die Geschwindigkeit der zweiten Kugel am Anfang null ist ($v_2 = 0$), gilt:

$$v_2' = \frac{2m_1}{m_1 + m_2} v_1 = \frac{2 \cdot 2\,kg}{2\,kg + 5\,kg} \cdot 2{,}88 \frac{m}{s} = 1{,}65 \frac{m}{s} \qquad (4.66)$$

Spätestens hier sollten wir uns aber auch fragen: Warum haben wir denn v_2 in v_1 eingesetzt? Dafür machen wir uns noch einmal den Unterschied zwischen den beiden Aufgabenstellungen klar. Zunächst haben wir die Geschwindigkeit der ersten Kugel im zweiten Zustand (im tiefsten Punkt) mit Hilfe des Energieerhaltungssatzes berechnet. Dafür hatten wir die Variabel v_2 vergeben. Anschließend haben wir die Geschwindigkeit der zweiten Kugel nach dem Stoß berechnet, indem wir Gl. 4.58 genutzt haben. Das ist jedoch ein völlig neuer Ausgangspunkt. Wir müssen uns also klarmachen, dass die zuvor berechnete Geschwindigkeit v_2 der ersten Kugel im Zustand (2) der Geschwindigkeit v_1 in der Gl. 4.58 entspricht, auch wenn die Indizes unterschiedlich sind.

So ein Durcheinander kann Ihnen in der Physik immer wieder begegnen. Hier hilft vor allem, ein gutes Verständnis für physikalische Schreibweisen. Dazu gehört auch der gekonnte Einsatz von Indizes, denn die Aufgaben werden in der Praxis und im Studium immer komplexer. Also: Einmal tief durchatmen, Schritt für Schritt vorgehen – und sich immer wieder bewusst machen, wofür die einzelnen Variablen und Indizes stehen.

4.5 Leistung

Nun können Sie Arbeit und Energie definieren und berechnen. Wir machen also weiter mit Leistung. Je mehr Arbeit in einer bestimmten Zeit verrichtet wird, desto größer ist diese Leistung. Auch hier rechnen wir wieder mit mittleren und momentanen Werten.

▶ Merke Die **mittlere Leistung** ist der Quotient aus geleisteter Arbeit ΔW und der dafür benötigten Zeit Δt:

$$\bar{P} = \frac{\Delta W}{\Delta t} \qquad (4.67)$$

▶ Merke Die **momentane Leistung** ist definiert als die zeitliche Ableitung
   der Arbeit nach der Zeit:

$$P = \frac{\mathrm{d}W}{\mathrm{d}t} = \dot{W} \qquad (4.68)$$

- Watt als Einheit für Leistung setzt sich zusammen aus Joule für die Energie geteilt
  durch die Sekunde für die Zeit.
- Stellen wir die Einheiten nach Joule um, erkennen wir, dass Arbeit auch als
  Wattsekunde angegeben werden kann: $[W] = \mathrm{Ws}$
- Ein Vielfaches der Wattsekunde ist die Kilowattstunde kWs - diese kennen Sie
  spätestens seit Ihrer Stromrechnung. Trotzdem arbeiten Physiker/-innen lieber
  mit Joule anstatt mit Wattsekunden. Die Umrechnung ist einfach: $1\,\mathrm{kWh} =
  3600000\,\mathrm{J}$.

4.6   Leistung eines Teilchens berechnen

Für sehr kleine Werte, etwa wenn ein Teilchen eine differentiell kleine Arbeit $\mathrm{d}W$
leistet, kann die Arbeit nach Gl. 4.3 umgeschrieben werden zu $\mathrm{d}W = F_x \mathrm{d}x$. Den
Weg können wir nach Gl. 2.5 auch zu $\mathrm{d}x = v_x \mathrm{d}t$ umschreiben und erhalten dann für
die Arbeit $\mathrm{d}W = F_x v_x \mathrm{d}t$. Daraus folgt für die Leistung:

$$P = \frac{\mathrm{d}W}{\mathrm{d}t} = \frac{F_x v_x \mathrm{d}t}{\mathrm{d}t} = F_x v_x \qquad (4.69)$$

- Hiermit können wir die momentane Leistung berechnen, die ein Teilchen leistet,
  auf das die Kraft F_x wirkt und das die Geschwindigkeit v_x besitzt.
- Das Teilchen bewegt sich in x-Richtung. Außerdem wird vorausgesetzt, dass die
  Kraft in dieselbe Richtung wirkt.
- Wenn Kraft und Weg einen Winkel β einschließen, kann analog zu Gl. 4.7 das
  Skalarprodukt aus dem Kraftvektor und dem Geschwindigkeitsvektor gebildet
  werden: $W = \mathbf{F} \cdot \mathbf{v} = F v \cos(\beta)$

4.7   Wirkungsgrad

In der Praxis werden Sie nicht nur Probleme lösen, bei denen es einfach darum geht,
Leistung zu errechnen. Oft genug werden Sie herausfinden wollen, wie viel Leistung
während eines Prozesses verloren geht – und ob diese im Verhältnis zur benötigten
Leistung steht. Dies ist beispielsweise wichtig, um Maschinen zu bewerten. Und da
kommt der Wirkungsgrad ins Spiel:

▶   **Merke** Der **Wirkungsgrad** beschreibt das Verhältnis von Eingangs- und
     Ausgangsleistung:

$$\eta = \frac{P_A}{P_E} \qquad (4.70)$$

Der **Wirkungsgrad** kann aber auch über das Verhältnis von Eingangs-
und Ausgangsenergie bzw. Eingangs- und Ausgangsarbeit definiert werden:

$$\eta = \frac{E_A}{E_E} = \frac{W_A}{W_E} \qquad (4.71)$$

- η ist ein griechischer Buchstabe und wird Eta gesprochen.
- P_A steht für Ausgangsleistung und P_E für Eingangsleistung.
- Der Wirkungsgrad kann maximal eins sein, da es nicht mehr Ausgangsleistung
  als Eingangsleistung geben kann.
- Durch unvermeidliche Verluste z. B. aufgrund von Reibung ist der Wirkungsgrad
  realer Maschinen und Prozesse immer kleiner als eins ($\eta < 1$).

4.8   Kurz und knapp: Das gehört auf den Spickzettel

- Arbeit ist Energieänderung:

$$W = \Delta E = E_2 - E_1$$

- Allgemein wird mechanische Arbeit mit einem Linienintegral berechnet:

$$W = \int_{r_1}^{r_2} \mathbf{F} \cdot d\mathbf{r}.$$

- Für den eindimensionalen Fall in x-Richtung reduziert sich das Integral zu:

$$W = \int_{x_1}^{x_2} F_x dx.$$

- Reibungsarbeit wird berechnet mit:

$$W_R = \mu F_N s_2 - \mu F_N s_1$$

- Reibungsenergie wird berechnet mit:

$$E_R = \mu F_N s$$

- Hubarbeit wird berechnet mit:

$$W_H = mg\Delta z$$

- Potenzielle Energie wird berechnet mit:

$$E_{pot} = mgz$$

- Verformungsarbeit (Spannarbeit) wird berechnet mit:

$$W_S = \frac{k}{2}(x_2^2 - x_1^2)$$

- Verformungsenergie (Spannenergie) wird berechnet mit:

$$E_S = \frac{k}{2}x^2$$

- Beschleunigungsarbeit wird berechnet mit:

$$W_B = \frac{m}{2}v_{x2}^2 - \frac{m}{2}v_{x1}^2$$

- Kinetische Energie wird berechnet mit:

$$E_{kin} = \frac{m}{2}v_x^2$$

- Die Summe aller Energien ist konstant (Energieerhaltungssatz):

$$E_{pot} + E_{kin} = konstant$$

- Die mittlere Leistung wird berechnet mit:

$$\bar{P} = \frac{\Delta W}{\Delta t}$$

- Die momentane Leistung wird berechnet mit:

$$P = \frac{dW}{dt}$$

- Der Wirkungsgrad ist definiert als:

$$\eta = \frac{P_A}{P_E} = \frac{E_A}{E_E} = \frac{W_A}{W_E}$$

4.9   Gut vorbereitet? Testen Sie sich selbst!

Folgende Fragen könnten Sie in der schriftlichen Prüfung erwarten.

1. Berechnen Sie die Hubarbeit, um einen 5 kg Stein vom Erdboden auf ein 2 m hohes Regal zu heben.
2. Welche kinetische Energie besitzt ein Fahrzeug mit der Masse $m = 1500$ kg bei einer Geschwindigkeit von 5 m/s und bei 7 m/s? Welche Arbeit wurde benötigt, um die Geschwindigkeit von 50 km/h auf 60 km/h zu erhöhen?
3. Auf eine senkrecht aufgestellte Feder wird ein Körper mit der Gewichtskraft $F_g = 7,5$ N aufgelegt. Die Feder wird dadurch um 3 cm zusammengedrückt. Welche Verformungsarbeit ist erforderlich, um die Feder anschließend um weitere 5 cm zusammenzudrücken?
4. Ein Kraftfahrzeug mit der Masse 1000 kg fährt mit einer Geschwindigkeit von 10 m/s. Bestimmen Sie:

   a) die Energie des Fahrzeugs bei dieser Geschwindigkeit,
   b) die Fallhöhe, die das Fahrzeug frei fallen müsste, um die gleiche Energie zu erhalten.

Folgende Fragen könnten Sie in der mündlichen Prüfung erwarten:

1. Was ist der Unterschied zwischen Arbeit und Energie?
2. Wie ist mechanische Arbeit definiert?
3. Was ist der Unterschied zwischen potenzieller und kinetischer Energie?
4. Was besagt der Energieerhaltungssatz?
5. Wie viel Joule entspricht ein Newtonmeter?

Fluide: Flüssigkeiten und Gase

5

5.1 Was sind Gase und Flüssigkeiten?

Gase und Flüssigkeiten definieren zwei unterschiedliche Aggregatzustände: In Gasen bewegen sich Teilchen frei und in gewissem Abstand zueinander. In Flüssigkeiten hingegen bleiben Teilchen näher zusammen. Doch es gibt auch eine wichtige Gemeinsamkeit: Beide verformen sich unter dem Einfluss der Gewichtskraft kontinuierlich, kurz: Sie fließen. Deshalb werden sie unter dem Begriff Fluide – vom lateinischen fluidus für fließend – zusammengefasst. Entsprechend gelten viele physikalische Gesetze für beide Substanzen gleichermaßen. Um diese Gesetze soll es jetzt gehen.

Achtung: Wir behandeln hier ideale Gase und Flüssigkeiten. Ideal bedeutet an dieser Stelle, dass wir nur von Modellvorstellungen sprechen – und nicht von der deutlich komplexeren Realität. Das machen Physiker/-innen oft. Denn durch die Vereinfachung lässt sich vieles besser verstehen, aber trotzdem (annähernd) korrekt mathematisch errechnen.

5.2 Druck ganz allgemein

Wie sich Flüssigkeiten und Gase verhalten, hängt also vor allem vom Druck ab, dem sie ausgesetzt sind. Dabei gibt es viele verschiedene Arten von Druck: Luftdruck, Schweredruck, Kolbendruck usw., die wir uns im Detail anschauen werden. Ganz allgemein gilt Druck zunächst als Ergebnis einer Kraft, die senkrecht auf eine Fläche wirkt.

© Springer-Verlag GmbH Deutschland, ein Teil von Springer Nature 2021
P. Steglich und K. Heise, *Vorkurs Physik fürs MINT-Studium*,
https://doi.org/10.1007/978-3-662-62126-4_5

▶   **Merke** Der **Druck,** wird allgemein berechnet mit:

$$p = \frac{F}{A} \qquad (5.1)$$

- Die Kraft F wirkt senkrecht auf die Fläche A und
- verteilt sich gleichmäßig auf dieser Fläche.

Die Einheit des Drucks ist Pascal:

$$[p] = \text{Pa} \qquad (5.2)$$

Um diese allgemeine Gleichung für Druck zu verstehen, schauen wir uns zunächst ein von Gasen und Flüssigkeiten unabhängiges Beispiel an.

Beispiel

Wir betrachten eine Flasche, die Druck auf den Tisch ausübt, auf dem sie steht. Relevant für die Rechnung ist in diesem Fall die Fläche des Flaschenbodens, zum Beispiel $0,1\,\text{m}^2$ sowie ihr Gewicht, zum Beispiel $0,5\,\text{kg}$

Lösung: Da wir uns auf der Erde befinden, ist die wirkende Kraft der Flasche gleich der Gewichtskraft $F_g = mg$. Es gilt für den Druck:

$$p = \frac{F}{A} = \frac{F_g}{A} = \frac{mg}{A} = \frac{0,5\,\text{kg} \cdot 9,81\frac{\text{m}}{\text{s}^2}}{0,1\,\text{m}^2} = 49,05\,\text{Pa} \qquad (5.3)$$

5.3   Schweredruck und Luftdruck

Jetzt zurück zu den Fluiden. Auch sie üben durch ihre Gewichtskraft Druck aus. Bei Gasen und Flüssigkeiten sprechen Physiker/-innen jedoch von Schweredruck.

5.3.1   Schweredruck in Flüssigkeiten

Anders als bei unserer Flasche, wirkt dieser Druck in Flüssigkeiten in alle Richtungen. Das fand der französische Mathematikers Blaise Pascal schon im 17. Jahrhundert heraus und hielt fest: Druck breitet sich in ruhenden Flüssigkeiten und Gasen allseitig aus. Dieser Druck wirkt im Volumen in alle Richtungen, aber immer senkrecht auf Wände. Das wiederum ist eine Folge des fließens – also des fehlenden Widerstands von Flüssigkeiten und Gasen gegen Formänderungen. Physiker/-innen nennen das **Pascalsches Prinzip.**

Abb. 5.1 Die über der
Fläche A liegende
Flüssigkeit verursacht einen
Druck aufgrund der
Gewichtskraft

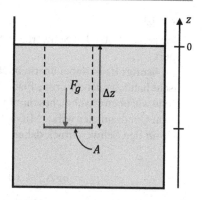

Um das zu verstehen, hilft ein Beispiel: Abb. 5.1 zeigt einen Behälter mit Wasser. Befindet sich nun eine Fläche innerhalb der Flüssigkeit, erzeugt die darüber liegende Flüssigkeitsmenge aufgrund der Gewichtskraft Druck. Konkreter: Sie übt Schweredruck aus. Dieser kann berechnet werden, indem wir zunächst die wirkende Gewichtskraft ermitteln.

Dazu nutzen wir Definition der Dichte, also das Verhältnis von Masse zu Volumen:

$$\rho = \frac{m}{V} \tag{5.4}$$

Dann stellen wir die Dichte nach der Masse um und setzen diese in die Gewichtskraft ein. So erhalten wir: $F_g = mg = \rho V g = \rho A \Delta z g$, wobei wir für das Volumen $V = A \Delta z$ verwenden.

Dann errechnen wir den Schweredruck wie folgt.

▶   Merke Der **Schweredruck** wird berechnet mit

$$p_s = \rho g \Delta z \tag{5.5}$$

- ρ steht für die Dichte der Flüssigkeit: $\rho = V/m$
- Wir verwenden Δz als Höhenangabe.

Hier sehen wir einen weiteren Unterschied zwischen Oberstufe und Studium: In der Schule wird oft h statt Δz als Höhenangabe verwendet: $p = \rho g h$. Doch ist es wichtig, zu erkennen, dass der Schweredruck unabhängig von der Fläche A berechnet werden kann. Außerdem wird in Studium und Praxis oft der Meeresspiegel als Nullpunkt angenommen (siehe Abb. 5.1). Damit muss der Schweredruck unter Wasser $z < 0$ berechnet werden mit

$$p_s = -\rho g z \tag{5.6}$$

Beispiel

Wir können jetzt den Schweredruck berechnen, den ein Fisch in 5 m Wassertiefe spürt.

Lösung: Es ist dabei unerheblich, ob es sich um die kleine Fläche eines Goldfischs handelt oder die große Fläche eines Wals. Der Schweredruck ist stets gleich. Denn wie oben erwähnt, beschreibt die allgemeine Formel stets den Druck, der auf einen Quadratmeter wirkt. Mit der Dichte von Wasser ($\rho = 10^3$ kg/m^3) erhalten wir für den Schweredruck daher:

$$p_s = \rho g \Delta z = 10^3 \, \frac{\text{kg}}{\text{m}^3} \cdot 9{,}81 \, \frac{\text{m}}{\text{s}^2} \cdot 5 \, \text{m} = 49050 \, \text{Pa} \qquad (5.7)$$

Das entspricht dem tausendfachen Druck einer Wasserflasche (siehe vorhergehendes Beispiel).

Achtung: Verwechseln Sie nicht die Flächen des Drucks ausübenden Subjekts (z. B. die Flasche) mit der Fläche des Objekts (z. B. Goldfisch/Wal), das den Druck erfährt.

5.3.2 Schweredruck in Gasen

Soweit erst einmal zur Flüssigkeit. Jetzt weiter mit Gasen. Auch diese üben Schweredruck aus. Dabei ist stets zu beachten, zumindest solange sie sich auf der Erde befinden, dass auch unsere Umgebungsluft ein Gas ist, das Druck ausübt. Die Gase, die wir uns hier anschauen, werden umso mehr komprimiert, je näher sie sich über dem Meeresspiegel befinden.

▶   **Merke Luftdruck** ist höhenabhängig und wird berechnet mit:

$$p_L = p_0 e^{-\frac{\rho_0 g z}{p_0}} \qquad (5.8)$$

- $p_0 = 101325$ Pa und $\rho_0 = 1{,}293$ kg/m^3 stehen für den Druck und die Dichte des Gases am Nullpunkt, also auf Meeresspiegelhöhe.
- Die Formel 5.8 wird auch als barometrische Höhenformel bezeichnet.

5.4 Auftriebskraft von Fluiden

Eine direkte Folge des Schweredrucks von Gasen und Flüssigkeiten ist der Auftrieb. Denn Schweredruck variiert in der Höhe, wie wir auch schon in Gl. 5.5 gesehen haben. Diese unterschiedlichen Schweredrücke wiederum führen zu Auftrieb. Auch das gilt für Flüssigkeiten und Gase gleichermaßen.

Abb. 5.2 Auf den Würfel
wirken verschiedene Kräfte

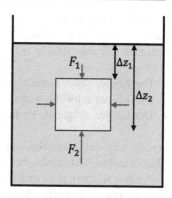

Ein anschauliches Beispiel: Ein Würfel wird ins Wasser getaucht, wie in Abb. 5.2. Das Wasser übt auf alle Seiten des Würfels Druck aus. An den Seiten kompensiert sich dieser Druck, da er von links und rechts gleich groß ist.

Von unten drückt das Wasser mehr als von oben, da der Schweredruck dort größer ist. Der Schweredruck kann auch als Kraft umformuliert werden:

$$F = p_s A = \rho g \Delta z A \tag{5.9}$$

▶ Merke Die **Auftriebskraft** ist die Differenz der Kräfte, die oberhalb und unterhalb eines Körpers wirken:

$$F_A = F_2 - F_1 = p_{s2} A - p_{s1} A = \rho g A (\Delta z_2 - \Delta z_1) = \rho g V \tag{5.10}$$

- In unserem Beispiel ist der Körper ein Würfel, Unter- und Oberseite haben die gleiche Fläche.
- Das Volumen haben wir mit $V = A(\Delta z_2 - \Delta z_1)$ berechnet.
- Die Dichte des Fluids muss konstant sein, also höhenunabhängig.
- Die Auftriebskraft wirkt der Gewichtskraft entgegen.
- Die Dichte ρ bezieht sich immer auf die Flüssigkeit und nicht den Körper.

Sind Sie jetzt verwirrt, weil das bedeuten müsste, dass alles im Wasser oben schwimmt? Keine Sorge. Auch die Gewichtskraft eines Körpers spielt natürlich eine Rolle.

Denn damit ein Körper schwimmt bzw. schwebt, muss die Gewichtskraft des Körpers gleich der Auftriebskraft sein. Da $\rho V = m$ ist, können wir aus der Gl. 5.10 folgendes schlussfolgern:

$$F_A = F_g \tag{5.11}$$
$$\rho_{Fl} g V = \rho_K g V \tag{5.12}$$

Hierbei steht ρ_{Fl} und ρ_K jeweils für die Dichte des Fluids und des Körpers. Es entscheidet stets die Dichte, ob ein Körper sinkt, schwebt oder aufsteigt. Wir können demnach folgende Regeln aufstellen:

- Der Körper sinkt, wenn $\rho_{Fl} > \rho_K$.
- Der Körper schwebt, wenn $\rho_{Fl} = \rho_K$.
- Der Körper steigt auf, wenn $\rho_{Fl} < \rho_K$.

Das Prinzip des Auftriebs wurde bereits vor rund 2000 Jahren vom griechischen Mathematiker Archimedis entdeckt. Das **archimedische Prinzip** besagt: „Der Auftrieb eines Körpers in einer Flüssigkeit ist genauso groß, wie die Gewichtskraft des vom Körper verdrängten Mediums."

Beispiel

Wir gehen davon aus, dass der Würfel in Abb. 5.2 eine Kantenlänge von 0,5 m besitzt und 2 m tief im Wasser liegt ($\rho = 997\,kg/m^3$). Jetzt berechnen wir die Auftriebskraft. Dafür gibt es zwei mögliche Wege.

Lösung: Zunächst berechnen wir die Kräfte F_1 und F_2:

$$F_1 = p_{s1}A = \rho g \Delta z_1 A = 997\frac{kg}{m^3} \cdot 2\,m \cdot 0,25\,m^2 = 4890,285\,N \qquad (5.13)$$

$$F_2 = p_{s2}A = \rho g \Delta z_2 A = 997\frac{kg}{m^3} \cdot 2,5\,m \cdot 0,25\,m^2 = 6112,856\,N \qquad (5.14)$$

Damit lässt sich die Auftriebskraft berechnen:

$$F_A = F_2 - F_1 = 6112,856\,N - 4890,285\,N = 1222,57\,N \qquad (5.15)$$

Andere Möglichkeit: Auftriebskraft direkt berechnen:

$$F_A = \rho g V = 997\frac{kg}{m^3} \cdot 9,81\frac{m}{s^2} \cdot 0,125\,m^3 = 1222,57\,N \qquad (5.16)$$

5.5 Volumenarbeit und -energie von Fluiden

Wenn auf Fluide eine Kraft wirkt und sich dadurch ihr Volumen ändert, wird Arbeit verrichtet. Physiker/-innen sprechen von Volumen(änderungs)arbeit, Kolbenarbeit oder mechanische Arbeit. Im Folgenden schauen wir uns dazu ausschließlich Gase an. Volumenarbeit tritt zwar auch bei Flüssigkeiten (und Festkörpern) auf, ist jedoch so gering, dass sie vernachlässigt werden kann. In der Physik wird diese Volumenarbeit durch die Größen Druck p und Volumen V berechnet.

Aber Achtung: In der Formel für die Volumenarbeit steht das Volumen selber nicht direkt, sondern wird über das Produkt aus einer Fläche und einer Länge ausgedrückt. Konkret gilt für ein infinitesimales Volumenelement:

$$dV = A\,dx \tag{5.17}$$

Dabei ist A die Fläche und dx die Länge in x-Richtung.

Setzen wir für die Kraft in Gl. 4.9 die Formel $F = pA$ ein, was wir aus Gl. 5.1 erhalten, so ergibt sich die Arbeit zu

$$W = \int_{x_1}^{x_2} pA\,dx \tag{5.18}$$

▶ Merke Die **Volumenarbeit** von idealen Gasen berechnet sich mit

$$W_V = \int_{V_1}^{V_2} p\,dV \tag{5.19}$$

- Um von Gl. 5.18 auf Gl. 5.19 zu kommen, haben wir $dV = A\,dx$ und die Integrationsgrenzen angepasst.
- Damit haben wir das Wegintegral in ein Volumenintegral umgeschrieben.
- W ist die Arbeit, die ein Gas über einen Kolben nach außen abgibt.

Durch Lösen des Integrals (Gl. 5.19) erhalten wir:

$$W_V = \int_{V_1}^{V_2} p\,dV = pV_2 - pV_1 = p(V_2 - V_1) = p\Delta V. \tag{5.20}$$

Da die Arbeit definiert ist als $W = \Delta E = E_2 - E_1$, erhalten wir die **Volumenenergie:**

$$E_V = pV \tag{5.21}$$

5.6 Strömung von Fluiden

Um die Strömung von Flüssigkeiten und Gasen zu beschreiben, gehen wir davon aus, dass das Fluid sich in einem Rohr befindet. Es strömt an jeder Stelle des Querschnitts einer Röhre das gleiche Volumen in der gleichen Zeit.

▶ **Merke** Ein **konstanter Strom** eines Gases oder einer Flüssigkeit kann mit

$$I = \frac{dV}{dt} = \dot{V} \qquad (5.22)$$

berechnet werden.

- V ist das Volumen der Flüssigkeit oder des Gases.
- Der Strom ist die zeitliche Änderung des Volumens.
- Achtung: Es handelt sich hier nicht um elektrischen, sondern um mechanischen Strom.

Wir können das Volumen in die Fläche $A = yz$ mal die Länge x zerlegen. Die Länge wählen wir als sehr kleinen Wegabschnitt, sodass wir mit Differentialen rechnen können. Das Volumen wird damit zu $V = A dx$. Das ist sinnvoll, da sich das Volumen im Rohr in nur eine Richtung ändern kann.

▶ **Merke** Der **Strom in einem Rohr** kann mit

$$I = \frac{dV}{dt} = \frac{A dx}{dt} = A v_x = A \dot{x}, \qquad (5.23)$$

berechnet werden.

- I wird auch als Stromstärke bezeichnet.
- $v_x = \dot{x}$ ist die Geschwindigkeit in x-Richtung, was wir als Strömungsgeschwindigkeit bezeichnen.
- Das Volumen berechnet sich mit $V = $ Höhe · Breite · Länge $= yzx$ bzw. $V = $ Fläche · Länge $= Ax$.
- A ist der Rohrquerschnitt.

Beispiel

In einem Rohr mit dem Radius von $0,1$ m fließt eine Flüssigkeit mit einer Stromstärke von $10 \, \mathrm{m^3/s}$. Wir berechnen die Geschwindigkeit der Flüssigkeit im Rohr.

Lösung: Zunächst benötigen wir den Querschnitt des Rohres:

$$A = \pi r^2 \qquad (5.24)$$

Anschließend stellen wir Gl. 5.23 um, sodass wir die Geschwindigkeit erhalten:

$$v_x = \frac{I}{A} = \frac{I}{\pi r^2} = \frac{10 \, \mathrm{m^3/s}}{\pi \cdot (0,1 \, \mathrm{m})^2} = 318,3 \frac{\mathrm{m}}{\mathrm{s}} \qquad (5.25)$$

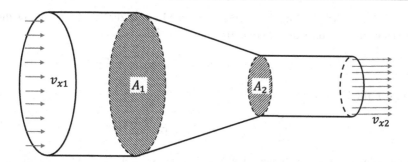

Abb. 5.3 Querschnitt eines Rohres mit unterschiedlichen Durchmessern, d. h. unterschiedlichen Strömungsgeschwindigkeiten

5.7 Kontinuitätsgesetz von Fluiden

Ein weiteres physikalisches Gesetz, das für Gase ebenso wie für Flüssigkeiten gilt, ist das Kontinuitätsgesetz. Es besagt, dass der Strom an jeder Stelle eines Rohres gleich groß ist. Wenden wir diesen Sachverhalt auf Rohre unterschiedlicher Querschnitte an, erhalten wir die sogenannte Kontinuitätsgleichung.

▶ Merke Die **Kontinuitätsgleichung** von Flüssigkeiten und Gase an zwei verschiedenen Stellen mit unterschiedlichen Rohrquerschnitten ist

$$I_1 = I_2 \tag{5.26}$$
$$A_1 v_{x1} = A_2 v_{x2} \tag{5.27}$$

Das heißt, an jeder Stelle des Rohres fließt das gleiche Flüssigkeitsvolumen in der gleichen Zeit. Das gilt allerdings nur, solange das Rohr gleich groß bleibt:

- Ändert sich der Rohrquerschnitt wie in Abb. 5.3 von A_1 auf A_2, so ändert sich auch die Strömungsgeschwindigkeit.
- Die Strömungsgeschwindigkeit ist bei kleineren Rohrquerschnitten größer, da das Produkt aus Fläche und Geschwindigkeit immer konstant ist.

Verkleinert sich der Rohrquerschnitt, erhöht sich die Fließgeschwindigkeit des Gases bzw. der Flüssigkeit. Das gilt übrigens nur, solange sich die Dichte der Flüssigkeit bzw. des Gases nicht ändert. Sobald dies passiert, beschreibt die Kontinuitätsgleichung den Erhalt der Masse nur für einen abgegrenzten Bereich.

5.8 Bernoulli-Gleichung

Den Energieerhaltungssatz kennen Sie schon: Die Summe potenzieller und kinetischer Energie ist konstant. Auch im Fall von Flüssigkeiten und Gasen lässt sich mit ihm arbeiten.

Gl. 5.21 gibt uns allerdings noch einen weiteren Beitrag zur Energieerhaltung, die Volumenenergie, sodass die Energieerhaltung berechnet wird mit:

$$E_{pot1} + E_{kin1} + E_{V1} = E_{pot2} + E_{kin2} + E_{V2} \tag{5.28}$$

Wenn wir alle Gleichungen einsetzen, erhalten wir:

$$mgz_1 + \frac{m}{2}v_1^2 + p_1 V_1 = mgz_2 + \frac{m}{2}v_2^2 + p_2 V_2 \tag{5.29}$$

Das Volumen ändert sich nicht. Daher gilt: $V_1 = V_2 = V$. Teilen wir die Gl. 5.30 jetzt durch das Volumen und setzen statt m/V die Dichte ρ ein, so erhalten wir die Bernoulli-Gleichung.

▶   Merke Die **Bernoulli-Gleichung** ist gegeben mit

$$\rho g z_1 + \frac{\rho}{2}v_1^2 + p_1 = \rho g z_2 + \frac{\rho}{2}v_2^2 + p_2 \tag{5.30}$$

- Alle Summanden besitzen jetzt die Einheit des Drucks (Pascal), also kein Joule mehr für Energie. Das liegt daran, dass wir die Energiegleichung durch das Volumen geteilt haben.
- Der erste Term $\rho g z$ ist der Schweredruck (siehe auch Abschn. 5.3).
- Der zweite Term $\frac{\rho}{2}v^2$ wird als Staudruck oder hydrodynamischer Druck bezeichnet.
- Der dritte Term p wird als statischer Druck bezeichnet.

5.9   Kurz und knapp: Das gehört auf den Spickzettel

- Der Schweredruck wird berechnet mit:

$$p_s = \rho g \Delta z$$

- Luftdruck ist höhenabhängig und wird berechnet mit:

$$p_L = p_0 e^{-\frac{\rho_0 g z}{p_0}}$$

- Die Auftriebskraft ist die Differenz der Kräfte, die oberhalb und unterhalb eines Körpers wirken:

$$F_A = \rho g A (\Delta z_2 - \Delta z_1)$$

- Die Volumenarbeit von idealen Flüssigkeiten und Gasen berechnet sich mit:

$$W_V = \int_{V_1}^{V_2} p \, \mathrm{d}V$$

- Die Volumenenergie wird berechnet mit:

$$E_V = pV$$

- Ein konstanter Strom eines Gases oder einer Flüssigkeit wird berechnet mit:

$$I = \frac{\mathrm{d}V}{\mathrm{d}t}$$

- Der Strom in einem Rohr wird berechnet mit:

$$I = A v_x$$

- Die Kontinuitätsgleichung von Flüssigkeiten und Gasen an zwei verschiedenen Stellen mit unterschiedlichen Rohrquerschnitten ist gegeben mit:

$$A_1 v_{x1} = A_2 v_{x2}$$

- Die Bernoulli-Gleichung ist gegeben mit:

$$\rho g z_1 + \frac{\rho}{2} v_1^2 + p_1 = \rho g z_2 + \frac{\rho}{2} v_2^2 + p_2$$

5.10 Gut vorbereitet? Testen Sie sich selbst!

Diese Aufgaben könnten Sie in der schriftlichen Prüfung erwarten.

1. Ein Aquarium sei 0,5 m tief, 40 cm breit sowie 100 cm lang und randvoll mit Wasser gefüllt. Wie groß ist der Schweredruck am Boden des Aquariums?
2. In welcher Höhe herrscht der Luftdruck $p_0/2$?
3. Durch einen Luftkanal mit dem Radius von $r = 0,1$ m werden $10 \, \mathrm{m^{3/s}}$ befördert. Bestimmen Sie die Luftgeschwindigkeit v (ohne Verluste).
4. In einer Rohrleitung mit einem Radius von $r_1 = 100$ mm strömt Wasser mit der Geschwindigkeit v_{x1}. Bestimmen Sie den erforderlichen Radius r_2, wenn sich im anschließenden Rohrstück die Geschwindigkeit verdoppeln soll.
5. Auf einem Feuerwehrschlauch mit dem Durchmesser $d_1 = 50$ mm herrscht ein Überdruck (Was ist das? Nachlesen im Vokabelheft) von $\Delta p = 500$ kPa. Die

Strahldüse am Ende des Schlauchs besitzt einen Durchmesser von $d_2 = 100\,\text{mm}$. Es ist der Wasserstrom eines Feuerwehrschlauchs zu berechnen. Der Schweredruck ist zu vernachlässigen.

Diese Aufgaben könnten Sie in der mündlichen Prüfung erwarten:

1. Wie sind ideale Flüssigkeiten und Gase definiert?
2. Was besagt das Pascalsche Prinzip?
3. Wie wird Schweredruck berechnet?
4. Welche Voraussetzung muss jeweils gegeben sein, damit ein Körper schwimmt (schwebt), sinkt oder aufsteigt?
5. Was besagt das archimedische Prinzip?
6. Wie ist ein konstanter Strom definiert und wie berechnet sich der Strom in einem Rohr?
7. Was besagt die Kontinuitätsgleichung?

Thermodynamik

6

6.1 Was ist Thermodynamik?

Thermodynamik setzt sich aus den griechischen Worten „thermós" für warm und „dýnamis" für Kraft zusammen. Sie beschäftigt sich mit der Frage, welchen Einfluss Temperatur(-änderungen) haben. Dabei spielt Wärme eine besondere Rolle. Deshalb ist auch gern die Rede von Wärmelehre.

Aber was ist überhaupt Wärme? Es handelt sich um eine Form der Energie. Die Wärmemenge Q wiederum gibt an, wie viel sogenannter thermischer Energie übertragen wird. Ihre Einheit ist Joule:

$$[Q] = J \tag{6.1}$$

Wärme breitet sich aus. Korrekt ausgedrückt: Überall dort, wo es Temperaturdifferenz gibt, findet ein Wärmestrom (auch Wärmetransport genannt) statt – und zwar in Richtung niedrigerer Temperatur.

▶ **Merke** Der sogenannte **Wärmestrom** ist definiert als die Änderung der Wärme Q in einer bestimmten Zeit t:

$$\dot{Q} = \frac{\mathrm{d}Q}{\mathrm{d}t} \tag{6.2}$$

Dabei unterscheiden Physiker/-innen drei verschiedene Formen des Wärmestroms: Wärmeleitung, Wärmestrahlung und Wärmekonvektion. Diese schauen wir uns nun genauer an.

© Springer-Verlag GmbH Deutschland, ein Teil von Springer Nature 2021
P. Steglich und K. Heise, *Vorkurs Physik fürs MINT-Studium,*
https://doi.org/10.1007/978-3-662-62126-4_6

▶ **Merke Wärmeleitung** ist der Wärmestrom von einer Substanz auf eine andere durch den direkten Kontakt der Teilchen. Sie ist also – wie Physiker/-innen sagen – substanzgebunden.

- Wärmeleitung erfolgt meist in und zwischen zwei festen Körpern.
- Die Wärme bewegt sich durch die Körper, die Teilchen bleiben an ihrem Platz.
- Als Faustregel gilt: Metalle sind gute Wärmeleiter, Flüssigkeiten und Gase eher weniger.
- Beispiel: Sie verbrennen sich die Finger an der Herdplatte.

▶ **Merke Wärmestrahlung** ist elektromagnetische Strahlung. Trifft sie auf Materie, wird sie von ihr absorbiert und verwandelt sich dabei in Wärme.

- Wärmestrahlung ist nicht substanzgebunden.
- Beispiel: Sie wärmen Ihr Gesicht in der Sonne.

▶ **Merke Wärmekonvektion** bezeichnet Wärmeströmung (nicht Wärmestrom!) von Materie, von Gasen oder Flüssigkeiten, die Wärmeenergie mit sich führen.

- Die Wärmekonvektion ist substanzgebunden, denn die Wärme wird über Substanzen transportiert.
- Wärmekonvektion wird auch als Wärmemitführung oder Wärmeströmung bezeichnet.
- Beispiel: Heißes Gas strömt durch ein Heizungsrohr.

Um konkret zu beschreiben, wie Wärme wirkt, schauen sich Physiker/-innen zunächst nicht "das große Ganze" an. Sie beschränken sich auf abgegrenzte Bereiche oder Systeme, die sie teils auch selbst definieren. Das macht es deutlich einfacher, den Überblick zu behalten. Physiker/-innen unterscheiden dafür drei Systemformen:

1. **Geschlossene Systeme** verhindern, dass Masse nach außen gelangt oder hineindringt. Wärme, Strahlung und Energie können hingegen zu- oder abgeführt werden.
2. Beim **isolierten System** findet gar kein Austausch mit der Umgebung statt.
3. Liegt ein **offenes System** vor, so kann sowohl Energie als auch Materie mit der Umgebung ausgetauscht werden.

6.2   Temperatur

Soweit zunächst zum Thema Wärme. Eng verwandt mit ihr ist der Begriff der T Temperatur, weshalb es oft zur Verwechslungen kommt. Aber Achtung, der Unterschied ist groß: Temperatur ist eine Zustandsgröße (Was ist das? Nachlesen im Vokabelheft). Ändern Sie die Temperatur, können Sie damit auch Stoffe verändern. Das betrifft:

1. die Wärmespeicherkapazität von Stoffen. Dieses Beispiel macht es konkret: Sie erhitzen einen kleinen und einen großen Topf mit der gleichen Menge Wärme. Der kleine Topf wird heißer. Sie bräuchten weitere Energie, um den großen Topf ebenso zu erhitzen. Physikalisch ausgedrückt: Vergleichen Sie eine kleine und eine große Stoffmenge derselben Temperatur, speichert die größere Stoffmenge mehr Energie.
2. den Aggregatzustand eines Stoffes. Eine Temperaturänderung kann dazu führen, dass Aggregatzustände wechseln, Physiker/-innen würden sagen, Stoffe sublimieren bzw. resublimieren. Ein Beispiel: Erwärmen Sie festes Eis, wird es zu flüssigem Wasser und schließlich zu gasförmigem Dampf. Abb. 6.1 zeigt, wie es gemeint ist.
3. die Größe eines Stoffes. Dabei kommt es zur Ausdehnung in alle Raumrichtungen. Physiker/-innen sprechen trotzdem gerne zunächst von Längenausdehnung. Das hat zwei Gründe: Erstens ist es einfacher, zunächst nur mit einer Richtung zu rechnen. Und zweitens geht es tatsächlich auch in der Praxis oft nur um die Länge, die sich verändert – zum Beispiel bei einem Kabel.

6.3   Längen- und Volumenausdehnung berechnen

Im Folgenden schauen wir uns nun an, wie Sie die Verformung eines Körpers durch Temperaturänderung berechnen.

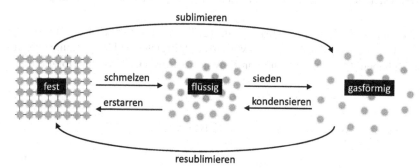

Abb. 6.1 Die verschiedenen Aggregatzustände

▶ **Merke** Berechnet werden kann die **Längenausdehnung** Δl durch:

$$\Delta l = \alpha l_0 \Delta T \qquad (6.3)$$

- α wird als linearer Längenausdehnungskoeffizient bezeichnet.
- l_0 ist die Ausgangslänge bei der ursprünglichen Temperatur.
- ΔT ist die Temperaturdifferenz: $\Delta T = T_2 - T_1$

Beispiel

Wir bestimmen die Längenänderung eines Aluminiumrohrs ($\alpha = 28,1 \cdot 10^{-6}$ K^{-1}), das eine ursprüngliche Länge von 10 m besitzt und um 85 K erwärmt wird. **Lösung:** Mit der Gl. 6.5 erhalten wir

$$\Delta l = \alpha l_0 \Delta T = 28,1 \cdot 10^{-6}\,K^{-1} \cdot 10\,m \cdot 85\,K = 0,024\,m \qquad (6.4)$$

Nun schauen wir uns auch die Ausdehnung in alle Richtungen an: Diesen Fall nennen Physiker/-innen Volumenausdehnung.

▶ **Merke** Berechnet werden kann die **Volumenausdehnung** ΔV durch:

$$\Delta V = \gamma V_0 \Delta T \qquad (6.5)$$

- γ wird als linearer Volumenausdehnungskoeffizient bezeichnet.
- V_0 ist das Ausgangsvolumen bei der ursprünglichen Temperatur.
- Wenn sich der Körper in alle Raumrichtungen gleich ausdehnt, so gilt: $\gamma = 3\alpha$

Die SI-Einheit der Temperatur ist Kelvin. Da Ihnen in der Praxis trotzdem oft die Einheit Celsius über den Weg laufen wird, ist es hilfreich, den Umrechnungsweg im Kopf zu haben: Die Umrechnung von Kelvin K zu Grad Celsius $°C$ erfolgt über

$$\vartheta = T - 273,15 \qquad (6.6)$$

bzw. umgekehrt von Grad Celsius $°C$ zu Kelvin K mit

$$T = \vartheta + 273,15 \qquad (6.7)$$

Beispiel

Wir rechnen jetzt $20\,°C$ in Kelvin und $310\,\text{K}$ in $°C$ um.

Lösung: Zuerst die Umrechnung in Kelvin:

$$T = \vartheta + 273,15 = 20\,°C + 273,15 = 293,15\,\text{K} \qquad (6.8)$$

Und jetzt die Umrechnung in $°C$:

$$T = \vartheta - 273,15 = 310\,\text{K} - 273,15 = 36,85\,°C \qquad (6.9)$$

6.4 Wärmekapazität

Ein weiterer Grundbegriff der Thermodynamik ist die Wärmekapazität C. Sie beschreibt das Verhältnis der einem Körper zugeführten Wärme zur resultierenden Temperaturänderung. Kurz: Sie verrät, wie gut sich ein Körper aufwärmen lässt.

▶ Merke Die **Wärmekapazität** C ist definiert als die Änderung der Temperatur T aufgrund einer Änderung der Wärme Q:

$$C = \frac{\Delta Q}{\Delta T} \qquad (6.10)$$

Die **Wärmemenge** berechnet sich mit

$$\Delta Q = mc\Delta T = C\Delta T \qquad (6.11)$$

- $C = mc$ entspricht der Wärmekapazität eines Körpers mit der Masse m und der spezifischen Wärmekapazität c.
- Dabei ist die spezifische Wärmekapazität materialabhängig – Kupfer zum Beispiel besitzt eine niedrigere und Wasser eine höhere spezifische Wärmekapazität.

Achtung Viele Lehrbücher verwenden $Q = mc\Delta T = C\Delta T$. Ihnen muss also klar sein, dass mit Q eine Wärmedifferenz gemeint ist. Deutlicher wird das mit ΔQ. Achten Sie auch darauf, dass ΔT eine Temperaturdifferenz darstellt, die in Kelvin K angegeben wird. Die Wärmemenge wird jedoch oft mit $Q = mc\Delta T = C\Delta\vartheta$ berechnet. Dabei ist $\Delta\vartheta$ eine Temperaturdifferenz, die in Grad Celsius $°C$ angegeben wird. Die beiden Schreibweisen unterscheiden sich also nur in der Angabe der physikalischen Einheit der Temperatur.

Beispiel

Es ist die Wärmemenge zu berechnen, um 10 kg Wasser von $20°C$ auf $30°C$ zu erwärmen.

Lösung: Aus einem Tabellenwerk lesen wir die spezifische Wärmekapazität von Wasser ab: $c = 4190$ J/kg · K. Die Temperaturdifferenz beträgt 10 K. So lässt sich die Wärmemenge berechnen:

$$Q = mc\Delta T = 10\,\text{kg} \cdot 4190\frac{\text{J}}{\text{kg} \cdot \text{K}} \cdot 10\,\text{K} = 419\,\text{kJ} \qquad (6.12)$$

6.5   Die Zustandsgleichung eines idealen Gases

Im vorangegangenen Kapitel haben Sie bereits einiges über Gase gelernt. Die Zustandsgleichung eines idealen Gases zeigt nun, dass Druck p, Volumen V und Stoffmenge n auch eng mit der Temperatur T verknüpft sind. Denn sie ergeben gemeinsam eine konstante Zahl: die Gaskonstante.

▶   **Merke** Die Gaskonstante wird berechnet mit:

$$R_m = \frac{pV}{nT} \qquad (6.13)$$

- Die Gleichung zeigt: Ändern Sie die Temperatur, muss sich auch eine der anderen physikalischen Größen (p, V, m) ändern. Nur so kommt am Ende wieder die Gaskonstante heraus.
- Die Gaskonstante dient daher als sogenannter Proportionalitätsfaktor.
- R_m wird auch als molare, universelle oder allgemeine Gaskonstante bezeichnet.
- Die Zustandsgleichung eines idealen Gases heißt auch thermische Zustandsgleichung.
- Mehr zur Stoffmenge n als SI-Einheit lesen Sie im ersten Kapitel und im Vokabelheft.

Wie so oft in der Physik können wir auch hier die Gl. 6.13 umschreiben. So ist zum Beispiel die spezifische Gaskonstante definiert als der Quotient aus Gaskonstante durch die molare Masse eines bestimmten Gases:

$$R_s = \frac{R_m}{M} \qquad (6.14)$$

R_s ist die spezifische Gaskonstante, die manchmal auch als spezielle oder individuelle Gaskonstante bezeichnet wird. Damit ergibt sich für die Zustandsgleichung eines idealen Gases:

$$R_s = \frac{pV}{mT} \tag{6.15}$$

Hierbei haben wir den Zusammenhang zwischen der Stoffmenge, der Masse und der Molmasse genutzt: $n = m/M$. Wir sehen, dass die Zustandsgleichung immer eine konstante Zahl in Form der Gaskonstante bzw. der spezifischen Gaskonstante ergibt. Wenn dies der Fall ist, so können wir wie bei dem Energieerhaltungssatz zwei verschiedene Zustände betrachten. Für den ersten Zustand erhalten wir

$$R_s = \frac{p_1 V_1}{m_1 T_1} \tag{6.16}$$

und für den zweiten Zustand

$$R_s = \frac{p_2 V_2}{m_2 T_2}. \tag{6.17}$$

Die spezifische Gaskonstante ändert sich natürlich nicht, sie ist konstant. Deshalb können wir die beiden Gleichungen gleichsetzen und erhalten:

$$\frac{p_1 V_1}{m_1 T_1} = \frac{p_2 V_2}{m_2 T_2} \tag{6.18}$$

Achtung: Es ist zu beachten, dass sich die Massen im ersten und zweiten Zustand unterscheiden.

Haben Sie es erkannt? Das bedeutet, dass wir es mit einem sogenannten offenen System zu tun haben. Denn Massenaustausch kann stattfinden.

Für ein geschlossenes System würde stattdessen gelten, dass die Massen gleich sein müssen ($m_1 = m_2$). Das würde es wiederum ermöglichen, sie herauszukürzen. Das führt uns zurück zur vereinfachten Zustandsgleichung der idealen Gase:

$$\frac{p_1 V_1}{T_1} = \frac{p_2 V_2}{T_2} \tag{6.19}$$

Wie so oft kommen wir auch hier nicht ohne Ausnahmen aus. Denn es gibt für diese Gleichung einige Spezialfälle. Dabei gilt immer eine physikalische Größe als konstant. So lässt sich der Zusammenhang zwischen den zwei übrigen physikalischen Größen betrachten.

Wir unterscheiden diese drei Spezialfälle:

1. Wird das Volumen konstant gehalten („isochore" Zustandsänderung), so ist auch das Verhältnis zwischen Druck und Temperatur konstant: **Amontons-Gesetz**

$$\frac{p_1}{T_1} = \frac{p_2}{T_2} \tag{6.20}$$

2. Wird der Druck konstant gehalten („isobare" Zustandsänderung), so ist auch das Verhältnis zwischen Volumen und Temperatur konstant: **Gay-Lussac-Gesetz**

$$\frac{V_1}{T_1} = \frac{V_2}{T_2} \qquad (6.21)$$

3. Wird die Temperatur konstant gehalten („isotherme" Zustandsänderung), so ist bei Gasen auch das Produkt aus Druck und Volumen konstant. Dies entspricht dem **Boyle-Mariotte-Gesetz**

$$p_1 V_1 = p_2 V_2 \qquad (6.22)$$

Beispiel

Ein Luftballon enthält $0,2\,\text{m}^3$ Sauerstoff bei $20\,^\circ C$ und $15\,\text{Pa}$. Wir berechnen den Druck, für den Fall, dass sich die Temperatur auf $35\,^\circ C$ erhöht und das Volumen sich auf $0,1\,\text{m}^3$ verringert.

Lösung: Wenn wir Gl. 6.19 nach dem Druck umstellen, erhalten wir:

$$p_2 = \frac{p_1 V_1 T_2}{T_1 V_2} \qquad (6.23)$$

Wir schauen uns jetzt einen typischen Fehler an, den Studierende im ersten Semester häufig machen. Dazu setzen wir alle gegebenen Werte ein und erhalten:

$$p_2 = \frac{p_1 V_1 T_2}{T_1 V_2} = \frac{15\,\text{Pa} \cdot 0,2\,\text{m}^3 \cdot 35\,^\circ C}{20\,^\circ C \cdot 0,1\,\text{m}^3} = 52,5\,\text{Pa} \qquad (6.24)$$

Das ist aber nicht korrekt. Haben Sie den Fehler erkannt? Hier wurde mit Celsius gerechnet – das verfälscht das Ergebnis. In der Physik bzw. in der Thermodynamik arbeiten wir immer mit der SI-Einheit Kelvin. Das liegt daran, dass wir bei der Umrechnung von Grad Celsius in Kelvin einen konstanten Wert addieren müssen, der sich nicht wegkürzen lässt und deshalb unbedingt berücksichtigt werden muss. Um Fehler zu vermeiden, gilt also generell: Immer mit SI-Einheiten rechnen.

Das würde dann so aussehen – und zum korrekten Ergebnis führen:

$$T_1 = (273 + 20)\,\text{K} = 293\,\text{K} \qquad (6.25)$$
$$T_2 = (273 + 35)\,\text{K} = 308\,\text{K} \qquad (6.26)$$

So erhalten wir für den gesuchten Druck das richtige Ergebnis:

$$p_2 = \frac{p_1 V_1 T_2}{T_1 V_2} = \frac{15\,\text{Pa} \cdot 0{,}2\,\text{m}^3 \cdot 308\,\text{K}}{293\,\text{K} \cdot 0{,}1\,\text{m}^3} = 31{,}5\,\text{Pa} \qquad (6.27)$$

6.6 Kurz und knapp: Das gehört auf den Spickzettel

- Wärmestrom ist definiert als:

$$\dot{Q} = \frac{\mathrm{d}Q}{\mathrm{d}t}$$

- Wärmestrahlung ist elektromagnetische Strahlung, die bei Absorption durch Materie in Wärme umgewandelt wird.
- Wärmeleitung ist der Wärmetransfer von einer Substanz auf die andere durch direkten Kontakt der Teilchen.
- Wärmekonvektion ist die Strömung von Materie, die Wärmeenergie mit sich führt.
- Die Wärmekapazität wird berechnet mit:

$$C = \frac{\Delta Q}{\Delta T}$$

- Die Wärmemenge wird berechnet mit:

$$\Delta Q = mc\Delta T = C\Delta T$$

- Die Längenausdehnung wird berechnet mit:

$$\Delta l = \alpha l_0 \Delta T$$

- Die Volumenausdehnung wird berechnet mit:

$$\Delta V = \gamma V_0 \Delta T$$

- Die Gaskonstante wird berechnet mit:

$$R_m = \frac{pV}{nT}$$

- Die Zustandsgleichung idealer Gase ist gegeben mit:

$$\frac{p_1 V_1}{T_1} = \frac{p_2 V_2}{T_2}$$

- Wird das Volumen konstant gehalten („isochore" Zustandsänderung), ist das Verhältnis aus Druck und Temperatur konstant:

$$\frac{p_1}{T_1} = \frac{p_2}{T_2}$$

- Wird der Druck konstant gehalten („isobare" Zustandsänderung), ist das Verhältnis aus Volumen und Temperatur konstant:

$$\frac{V_1}{T_1} = \frac{V_2}{T_2}$$

- Wird die Temperatur konstant gehalten („isotherme" Zustandsänderung), ist bei Gasen das Produkt aus Druck und Volumen konstant:

$$p_1 V_1 = p_2 V_2$$

6.7   Gut vorbereitet? Testen Sie sich selbst!

Diese Aufgaben könnten Sie in der schriftlichen Prüfung erwarten.

1. Berechnen Sie die Längenänderung einer 10 m langen

   a) Aluminiumstange ($\alpha = 28,1 \cdot 10^{-6}\,\mathrm{K}^{-1}$),
   b) Eisenstange ($\alpha = 11,9 \cdot 10^{-6}\,\mathrm{K}^{-1}$) und
   c) Glasstange ($\alpha = 9 \cdot 10^{-6}\,\mathrm{K}^{-1}$),

   wenn die Temperatur von $T_1 = -20°C$ auf $T_2 = 80°C$ erhöht wird.
2. Bestimmen Sie die erforderliche Wärmemenge Q, um 3 kg Wasser von 20°C auf 90°C zu erwärmen. Die spezifische Wärmekapazität von Wasser beträgt 4,182 kJ/(kg · K).
3. In welcher Zeit kann 1 kg Wasser von 10°C auf Siedetemperatur von 100°C gebracht werden, wenn dazu eine elektrische Leistung von 100 W zur Verfügung steht? Die spezifische Wärmekapazität von Wasser beträgt 4,182 kJ/(kg · K).
4. 4 m³ Luft mit dem Anfangsdruck von 105 kPa soll bei 20°C isotherm (Was ist das? Nachlesen im Vokabelheft) auf das Volumen von 1 m³ komprimiert werden.

Unter welchem Druck steht die Flasche nach der Kompression (Was ist das? Nachlesen im Vokabelheft)?

5. Ein Gas hat bei Druck $p_1 = 0,96$ bar das Volumen $V_1 = 100$ l. Bestimmen Sie das Volumen V_2 des Gases bei Druck $p_2 = 1,03$ bar, wenn die Temperatur konstant geblieben ist.

6. Ein Gas hat bei Druck $p_1 = 960000$ Pa das Volumen $V_1 = 100$ m^3. Bestimmen Sie das Volumen V_2 des Gases bei Druck $p_2 = 103000$ Pa, wenn die Temperatur konstant geblieben ist.

Diese Aufgaben könnten Sie in der mündlichen Prüfung erwarten:

1. Beschreiben Sie Wärmestrahlung, Wärmeleitung und Wärmetransfer mit eigenen Worten.
2. Beschreiben Sie Wärmekapazität mit eigenen Worten.
3. Was sind die Unterschiede zwischen einem geschlossenen System, einem isolierten System und einem offenen System?
4. Wie wird die Längenausdehnung berechnet?
5. Wie ist die Zustandsgleichung idealer Gase und Flüssigkeiten definiert?
6. Was besagt das Amontons-Gesetz?
7. Was besagt das Gay-Lussac-Gesetz?
8. Was besagt das Boyle- und Mariotte-Gesetz?

Elektrizität

7

7.1 Was ist Elektrizität?

Elektrizität transportiert elektrische Ladungsträger. Sie erschafft magnetische Felder und Wärme – meistens. Aber bevor wir hier richtig einsteigen, fangen wir erst einmal mit etwas Basiswissen an: den Elementarteilchen. Alles um uns herum und auch wir selbst bestehen aus diesen kleinstmöglichen Bausteinen. Sie teilen sich auf in positiv geladene Protonen und negativ geladene Elektronen. Als sog. Ladungsträger besitzen beide eine sog. **Elementarladung.** Dabei üben sie ununterbrochen Kräfte aufeinander aus. Das nennt sich Elektrostatik.

Die Einheit einer Elementarladung ist Coulomb und gilt für negative wie für positiv geladene Teilchen.

$$[e] = C \tag{7.1}$$

Die SI-Einheit der Elementarladung ist Ampere multipliziert mit einer Sekunde ($[e] = C = As$), auch Amperesekunde genannt.

▶ Merke Eine **Elementarladung** besitzt die Größe:

$$e = 1602 \cdot 10^{-19}\,\text{C} \tag{7.2}$$

Eine **elektrische Ladung** wiederum ist ein ganzzahliges Vielfaches N der Elementarladung e:

$$Q = Ne \tag{7.3}$$

Die Einheit der elektrischen Ladung ist demnach ebenfalls Coulomb. Wenn wir uns jetzt ans Rechnen machen, schauen wir nie auf die Gesamtheit der elektrischen Ladung aller Teilchen. Denn negative und positive Ladungen heben sich gegenseitig

© Springer-Verlag GmbH Deutschland, ein Teil von Springer Nature 2021
P. Steglich und K. Heise, *Vorkurs Physik fürs MINT-Studium,*
https://doi.org/10.1007/978-3-662-62126-4_7

auf. Daher zählt hier die Differenz zwischen Elektronen und Protonen: die sog. **Nettoladung.** Besteht ein Körper mehrheitlich aus Elektronen, gilt er als negativ, sind Protonen in der Mehrzahl, ist der Körper positiv geladen.

7.2 Die Richtung der Coulombkraft

Also weiter im Stoff: Haben zwei Körper eine unterschiedliche Nettoladung, ziehen sie einander an. Sind die Körper gleich geladen, stoßen sie einander ab. Die dabei wirkende Kraft heißt **Coulombkraft.** Wie Sie die Coulombkraft berechnen, wissen Sie bereits aus Abschn. 3.3.2. Erinnern Sie sich noch?

$$F_C = \frac{1}{4\pi\varepsilon_0}\frac{Q_1 Q_2}{r^2} \tag{7.4}$$

Wie Sie ebenso aus den vorangegangenen Kapiteln wissen, ist Kraft auch durch eine Richtung charakterisiert. Bisher haben wir übersichtshalber meist ohne diese Richtung gerechnet. An dieser Stelle soll sie aber dazukommen, und zwar aus folgendem einfachen Grund: In der Elektrostatik geht es oft darum, neben Kräften auch elektrische Felder und sog. Dipolmomente zu beschreiben. Diese aber kommen nicht ohne Richtungsangabe aus. Rechnen wir also zunächst die Richtung der Coulombkraft aus. Dazu brauchen wir den Einheitsvektor.

▶ Merke Der **Einheitsvektor** ist definiert durch:

$$\mathbf{e} = \frac{\mathbf{r}}{r} = \frac{\mathbf{r}_2 - \mathbf{r}_1}{r_2 - r_1} = \frac{(x_2 - x_1)e_x + (y_2 - y_1)e_y + (z_2 - z_1)e_z}{\sqrt{((x_2 - x_1)^2 + (y_2 - y_1)^2 + (z_2 - z_1)^2)}} \tag{7.5}$$

- $\mathbf{r}$ steht hier für einen Abstandsvektor, der den Abstand zwischen zwei Punkten (P_1 und P_2) beschreibt, wie in Abb. 7.1 gezeigt.
- r ist der Betrag des Abstandsvektors.
- Der Betrag des Einheitsvektors ist immer eins.
- e_x, e_y und e_z sind die Komponenten des Einheitsvektors in die jeweilige Koordinatenrichtung. Ihr Betrag ist ebenfalls immer eins.

Multiplizieren wir jetzt den Einheitsvektor mit der Coulombkraft, erhalten wir den vollständigen Vektor der Coulombkraft:

$$\mathbf{F}_C = F_C\mathbf{e} = \frac{1}{4\pi\varepsilon_0}\frac{Q_1 Q_2}{r^2}\mathbf{e} = \frac{1}{4\pi\varepsilon_0}\frac{Q_1 Q_2}{r^2}\frac{\mathbf{r}}{r} = \frac{1}{4\pi\varepsilon_0}\frac{Q_1 Q_2}{r^3}\mathbf{r} \tag{7.6}$$

Genauso klappt das übrigens für alle Kräfte, die wir bereits behandelt haben. Eine einfache Angelegenheit, oder? Wir wissen jetzt, in welche Richtung es geht – und trotzdem ändert sich das Ergebnis nicht. Klar, wir haben ja mit eins multipliziert.

Abb. 7.1 Aus den Richtungsvektoren r_1 und r_2 ergibt sich der Abstandsvektor r

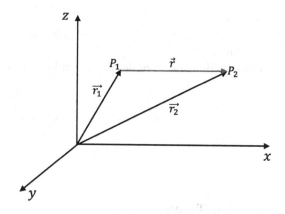

7.3 Das elektrische Feld

Das bringt uns zum elektrischen Feld. Es handelt sich dabei um Coulombkraft, die auf elektrische Ladung wirkt. Als Vektorfeld zeigt es die Stärke und Richtung dieser Coulombkraft für jeden Punkt im Raum an. Sie zu berechnen ist nicht schwer. Wir kennen das Prinzip bereits von der Gravitationskraft. Auch sie haben wir über ein Feld beschrieben – das Gravitationsfeld.

▶ **Merke** Das elektrische Feld besitzt sog. **elektrische Feldstärke**. Sie ist definiert als die Coulombkraft geteilt durch eine Probeladung, also eine beliebige elektrische Ladung:

$$\mathbf{E} = \frac{\mathbf{F}_C}{Q_P} = \frac{1}{4\pi\varepsilon_0}\frac{Q}{r^2}\mathbf{e} \qquad (7.7)$$

- Q_P ist die Probeladung.
- Q ist die Ladung, die das elektrische Feld $\mathbf{E}$ erzeugt. Sie wird oft als Quellladung bezeichnet.
- Damit entspricht $Q = Q_1$ und $Q_P = Q_2$ in Gl. 7.4.

Jetzt probieren Sie es einfach einmal aus: Setzen Sie statt Q_1 und Q_2 die Probeladung und die Quellladung in Gl. 7.6 ein und teilen Sie das Ganze durch die Probeladung. Sie erhalten damit Gl. 7.7. Einfach, oder?

Die Einheit der elektrischen Feldstärke ist Volt pro Meter:

$$[E] = \frac{V}{m} \qquad (7.8)$$

Beispiel

Wir berechnen jetzt die elektrische Feldstärke eines Protons in einer Entfernung von 2 mm.

Lösung: Hier reicht uns der Betrag der Feldstärke aus. Sie wird berechnet mit:

$$E = \frac{1}{4\pi\varepsilon_0}\frac{Q}{r^2} = \frac{1}{4\pi \cdot 8{,}854 \cdot 10^{-12}\,\text{As/Vm}}\frac{1602 \cdot 10^{-19}\,\text{C}}{(2 \cdot 10^{-3}\,\text{m})^2} = 3{,}6 \cdot 10^{-4}\,\frac{\text{V}}{\text{m}}$$

$$(7.9)$$

7.4   Feldlinien

Um sich das elektrische Feld besser vorstellen zu können, zeichnen Physiker/-innen Linien bzw. Pfeile, die sog. **Feldlinien**. Sie symbolisieren die Quellladung. Die Richtung der Pfeile zeigt, ob es sich um positive oder negative Quellladung handelt. Zeigt der Pfeil weg von der Ladung, ist diese positiv – und andersherum. Abb. 7.2 zeigt ein Beispiel.

Das kennen Sie wahrscheinlich bereits aus der Schule. Dennoch machen viele Studierende hier Fehler. Deshalb hier eine Eselbrücke, um sich die Bedeutung der Pfeilrichtung zu merken: Gehen Sie zunächst immer von positiver Probeladung aus. Ist dann auch die Quellladung positiv, werden Protonen abgestoßen, also verlaufen auch die Feldlinien von ihr weg, wie links im Bild. Bei negativer Quellladung werden Protonen angezogen – und entsprechend auch die Pfeilspitzen, wie rechts im Bild. Außerdem Pflichtwissen für die ersten Semester: Feldlinien überschneiden oder überlappen sich nie. Dabei richtet sich die Position der Feldlinien auch nach der Materialbeschaffenheit: Auf gut leitenden Materialien, wie etwa Metall, treffen Feldlinien stets senkrecht. Bei nichtleitenden Materialien, wie zum Beispiel Kunststoff, ist das nicht der Fall.

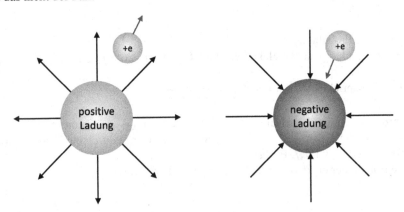

Abb. 7.2 Wegführende Pfeilspitzen heißt positive Quellladung, hinführende Pfeilspitzen heißt negative Quellladung

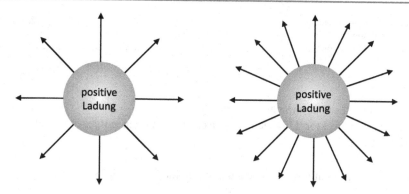

Abb. 7.3 Zwei positive Ladungen mit unterschiedlicher Nettoladung

Feldlinien können neben der Art der Ladung übrigens auch die Größe der Quellladung charakterisieren. Dabei gilt: Je größer die Quellladung, desto mehr elektrische Feldstärke, desto mehr Feldlinien. In Abb. 7.3 sehen wir Quellladung mit wenig bzw. viel Elementarladung. Die Ladung links im Bild ist dabei halb so groß wie rechts, da sie nur halb so viele Feldlinien besitzt.

Wichtig ist auch, dass wir zwischen **homogenen und inhomogenen elektrischen Feldern** unterscheiden. Homogen bedeutet, dass Feldlinien parallel, gleichgerichtet und gleich dicht verlaufen. Das bedeutet also, dass die elektrische Feldstärke E in einem bestimmten Gebiet in Richtung, Orientierung und Betrag gleich bleibt. Damit ist auch die im homogenen elektrischen Feld auf eine Probeladung wirkende Kraft überall gleich groß. Ein gutes Beispiel hierfür ist der Raum zwischen zwei Kondensatorplatten, wie wir später in diesem Kapitel sehen werden.

Beim inhomogenen elektrischen Feld verlaufen die Feldlinien hingegen nicht parallel. Damit sind auch Betrag, Richtung und Orientierung der elektrischen Feldstärke E unterschiedlich. Ein Beispiel hierfür ist das elektrische Feld zwischen zwei Elementarladungen.

7.5 Das elektrische Dipolmoment

Ein wichtiges Werkzeug, um räumlich voneinander getrennte Ladungen zu beschreiben, ist das elektrische Dipolmoment.

▶ Merke Das **elektrische Dipolmoment** beschreibt zwei Ladungen unterschiedlicher Vorzeichen, die trotz Abstand l starr miteinander verbunden sind. Wir berechnen es mit:

$$\mathbf{p} = Q\mathbf{l} = Ql\mathbf{e} \qquad (7.10)$$

Abb. 7.4 Zwei voneinander
getrennte Ladungen
definieren ein Dipolmoment

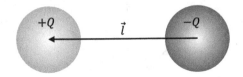

Abb. 7.4 Zwei voneinander getrennte Ladungen definieren ein Dipolmoment

- Der Betrag des Dipolmoments ist $p = Ql$.
- Der Abstandsvektor **l** ist den elektrischen Feldlinien entgegengesetzt, siehe Abb. 7.4.

Laut SI ist die Einheit des elektrischen Dipolmoments Coulomb-Meter:

$$[p] = Cm \tag{7.11}$$

> **Achtung** Bei der Beschreibung von Molekülen durch Dipolmomenten werden Sie oft auf die Einheit Debye treffen. Sie hilft, sehr kleine Zahlen zu vermeiden, die mit den SI-Einheiten zustande kämen:
>
> $$[p] = 1\,\text{Debye} = 3{,}33564 \cdot 10^{-30}\,\text{Cm} \tag{7.12}$$
>
> Für Moleküle liegt das Dipolmoment meist im Bereich von 1 bis 12 Debye, das entspricht $40{,}0276 \cdot 10^{-30}$ Cm bis $3{,}33564 \cdot 10^{-30}$ Cm in SI-Einheiten. Kein Wunder also, dass insbesondere Chemiker gern auf diese Einheit zurückgreifen, die im molekularen Bereich arbeiten.

7.6 Arbeit im elektrischen Feld

Sie haben gelernt, dass Kraft (Coulombkraft) auf eine Probeladung wirkt, wenn diese sich in einem elektrischen Feld befindet. Wird diese Probeladung durch eine beliebige äußere Kraft verschoben, wird Arbeit verrichtet.

▶ **Merke** Verschiebt sich innerhalb eines elektrischen Feldes eine Probeladung Q_P von Punkt P_1 zu Punkt P_2, berechnen Sie die geleistete **Arbeit** mit:

$$W_{el} = \int_{P_1}^{P_2} \mathbf{F} \cdot d\mathbf{r} = -Q_P \int_{P_1}^{P_2} \mathbf{E} \cdot d\mathbf{r} \tag{7.13}$$

- Es handelt sich hierbei um ein Wegintegral.
- Der Vektor d**r** steht für einen sehr kleinen bzw. infinitesimalen Wegabschnitt. (Mehr zu Infinitesimalrechnung finden Sie in Kap. 1.)
- Die beiden Vektoren C (bzw. **E**) und d**r** sind über ein Skalarprodukt miteinander verbunden.
- Es gilt $\mathbf{F} = -\mathbf{F}_C = -Q_P\mathbf{E}$.
- Das negative Vorzeichen dient dazu, der Coulombkraft entgegenzuwirken.
- Da Q_P konstant ist, konnten wir es vor das Integral schreiben.

Auch hier gilt, ebenso wie beim Wegintegral für die Arbeit (Gl. 4.10): Entlang einer geraden Strecke wird das Integral reduziert zu

$$W_{el} = -Q_P \int_{x_1}^{x_2} E\,dx. \qquad (7.14)$$

Finden Sie schwierig? Tatsächlich handelt es sich hier um ein relativ kompliziertes Integral. Keine Sorge, niemand verlangt, dass Sie hiermit gleich zu Anfang des Studiums klarkommen. Erst einmal haben Sie Gelegenheit, sich die benötigten mathematischen Kenntnisse anzueignen. Trotzdem könnten Sie in der Physikvorlesung gleich im ersten Semester auf dieses Integral treffen. Professor/innen „betrachten" es hier gerne einfach der Vollständigkeit halber. Deshalb kümmern auch wir uns an dieser Stelle darum – damit Sie zumindest ein physikalisches Verständnis für dieses Integral bekommen.

Dazu machen wir uns zunächst klar, dass beim Integral in Gl. 7.13 jeder beliebige Weg im elektrischen Feld möglich ist, wie Abb. 7.5a gezeigt. Um es etwas einfa-

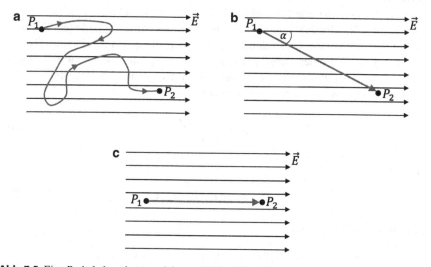

Abb. 7.5 Eine Probeladung bewegt sich **a** auf beliebigem Weg, **b** auf gerader Strecke mit einem relativ zum elektrischen Feld ausgerichteten Winkel oder **c** auf gerader Strecke parallel zum elektrischen Feld

cher zu machen, gehen wir dabei von einer geraden Strecke und einem homogenen elektrischen Feld aus.

Wenn sich die Probeladung jetzt auf den Winkel α (Abb. 7.5b) zwischen gerader Strecke $\mathbf{r}$ und elektrischem Feld $\mathbf{E}$ bezieht, erhalten wir:

$$W_{el} = -\mathbf{F}_C \cdot \mathbf{r} = -Q_P \mathbf{E} \cdot \mathbf{r} = -Q_P E r \cos(\alpha) \tag{7.15}$$

Noch einfacher wird es, wenn der Winkel gleich null ist. In diesem Fall bewegt sich die Probeladung parallel zu den elektrischen Feldlinien, gezeigt in Abb. 7.5c. Jetzt gilt $\cos(\alpha) = 1$. Damit erhalten wir für die Arbeit:

$$W_{el} = -F_C r = -Q_P E r \tag{7.16}$$

Achtung: Die Wegstrecke l ist wieder ein begrenzter Weg. Das heißt, wenn wir uns entlang der x-Richtung bewegen, gilt $r = x_2 - x_1$. Damit erhalten wir:

$$W_{el} = -F_C(x_2 - x_1) = -Q_P E(x_2 - x_1) \tag{7.17}$$

Diesen Ausdruck kennen Sie schon. Wir multiplizieren hier Kraft mit Weg und erhalten so die dabei geleistete Arbeit. Auch hier können wir potenzielle Energie für jeden Punkt ableiten. Betrachten wir Gl. 7.17, so gilt für die **potenzielle Energie in einem elektrischen Feld**:

$$E_{pot} = F_C x = Q_P E x \tag{7.18}$$

Beispiel

Das relativ komplizierte Integral in Gl. 7.13 eignet sich übrigens prima, um bei bestimmten Randbedingungen, Gleichungen für die Arbeit herzuleiten. Ein Beispiel: Wir leiten eine Gleichung für Arbeit her, die eine Probeladung Q_P im elektrischen Feld einer Punktladung Q aufwenden muss, wenn sie auf einem geraden Weg parallel zu den Feldlinien von x_1 nach x_2 verschoben wird.

Lösung: Wenn wir die elektrische Feldstärke

$$E = \frac{1}{4\pi\varepsilon_0} \frac{Q}{r^2} \tag{7.19}$$

in

$$W_{el} = -Q_P \int_{x_1}^{x_2} E\,dx \tag{7.20}$$

einfügen, so erhalten wir

$$W_{el} = -Q_P \int_{x_1}^{x_2} \frac{1}{4\pi\varepsilon_0} \frac{Q}{x^2}\,dx = -\frac{Q_P Q}{4\pi\varepsilon_0} \int_{x_1}^{x_2} \frac{1}{x^2}\,dx \tag{7.21}$$

Wenn wir das Integral lösen, so erhalten wir schließlich

$$W_{el} = \frac{Q_P Q}{4\pi\varepsilon_0} \left(\frac{1}{x_1} - \frac{1}{x_2} \right) \tag{7.22}$$

Vielleicht können Sie das längst, weil Sie die Formel schon aus der Schule kennen. Gut, allerdings reicht das noch nicht fürs Studium. Hier legen viele Professor/innen Wert darauf, dass Sie Formeln auch herleiten können. Deshalb üben wir es jetzt.

7.7 Ladungsträger im elektrischen Feld

Elektrische Felder wirken auf Ladungsträger wie ein Motivationsschub: Sie beschleunigen aufgrund der auf sie wirkenden Coulombkraft. Dabei unterscheiden Physiker/innen zwei Fälle. Bewegen sich Ladungsträger beim Eintritt in ein elektrisches Feld parallel zu den Feldlinien, handelt es sich um ein **Längsfeld**. Bewegen sie sich senkrecht zu den Feldlinien, sprechen wir vom **Querfeld**.

7.7.1 Elektronen und Protonen im elektrischen Längsfeld

Wir schauen uns zunächst das Längsfeld genauer an. Abb. 7.6 zeigt ein Proton (links) und ein Elektron (rechts). Das Längsfeld bringt das Proton dazu, in die positive x-Richtung zu beschleunigen. Das Elektron beschleunigt in die entgegengesetzte Richtung.

Jetzt nutzen wir, wie in Abschn. 3.6, die Bewegungsgleichung:

$$m\mathbf{a} = \sum_i \mathbf{F}_i. \tag{7.23}$$

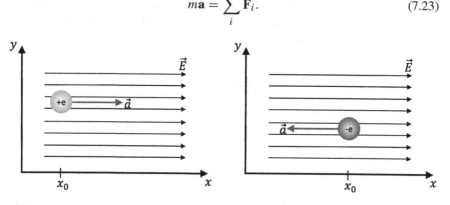

Abb. 7.6 Geladene Teilchen im elektrischen Längsfeld

In diesem Fall tritt nur eine Kraft auf: die Coulombkraft. Damit erhalten wir

$$m\mathbf{a} = \mathbf{F}_C. \tag{7.24}$$

Jetzt tauschen wir den Beschleunigungsvektor mit der Beschleunigungskomponente in x-Richtung aus ($\mathbf{a} = a_x$), verwenden die Kurzschreibweise ($a_x = \ddot{x}$) und erhalten:

$$m\ddot{x} = \mathbf{F}_C. \tag{7.25}$$

Dabei ist es wichtig, dass Sie zwischen Elektron und Proton unterscheiden. Erinnern Sie sich, dass ein Elektron entgegen der elektrischen Feldlinien, ein Proton hingegen in Richtung der Feldlinien beschleunigt. Aufgrund unseres Koordinatensystems gilt für ein Elektron

$$m\ddot{x} = -eE_x. \tag{7.26}$$

Als Nächstes stellen wir die Gleichung nach $\ddot{x}$ um und erhalten

$$\ddot{x} = -\frac{e}{m}E_x. \tag{7.27}$$

Die Integration der Beschleunigung liefert uns das Geschwindigkeits-Zeit-Gesetz

$$\dot{x} = \int \ddot{x}\mathrm{d}t = -\frac{e}{m}E_x t + C_1. \tag{7.28}$$

Bitte beachten Sie, dass es sich hierbei um ein unbestimmtes Integral handelt. Es ist zudem wichtig, dass wir die Integrationskonstante C_1 nicht vergessen. Die erneute Integration liefert uns schließlich das Weg-Zeit-Gesetz:

$$x = \iint \ddot{x}\mathrm{d}t = \int \dot{x}\mathrm{d}t = \int -\frac{e}{m}E_x t + C_1 \mathrm{d}t = -\frac{1}{2}\frac{e}{m}E_x t^2 + C_1 t + C_2. \tag{7.29}$$

Auch hier dürfen wir die Integrationskonstante C_2 nicht vergessen. Abschließend können wir die Integrationskonstanten definieren. Dabei ist C_1 die Anfangsgeschwindigkeit v_{x0} und C_2 der Anfangsweg x_0. Es ergibt sich

$$x = -\frac{1}{2}\frac{e}{m}E_x t^2 + v_{x0} t + x_0. \tag{7.30}$$

Aufgrund des Koordinatensystems gilt für ein Proton

$$m\ddot{z} = eE_x. \tag{7.31}$$

Über den gleichen Lösungsweg wie zuvor erhalten wir für das Proton das Weg-Zeit-Gesetz:

$$x = \frac{1}{2}\frac{e}{m}E_x t^2 + v_{x0} t + x_0. \tag{7.32}$$

Beispiel

Ein gutes Beispiel für geladene Teilchen im elektrischen Längsfeld ist der sog. **Millikan-Versuch.** Dafür stellen wir uns vor, ein Plattenkondensator erzeugt ein Elektron im elektrischen Längsfeld.

Übrigens: Stellen Physiker/-innen diesen Fall im Labor nach, verwenden Sie einen Öltropfen anstatt eines einzelnen Elektrons. Wir bleiben hier aber erst einmal beim „vorgestellten Elektron".

Auf dieses Elektron wirkt nun eine Gewichtskraft, die der Coulombkraft entgegenwirkt (Abb. 7.7). Unser Ziel ist jetzt, eine Spannung am Kondensator zu finden, die bewirkt, dass Coulomkraft und Gewichtskraft gleich groß sind.

Lösung: Wir lösen diese Aufgabe wieder mit Hilfe der Bewegungsgleichung:

$$m\mathbf{a} = \sum_i \mathbf{F}_i. \tag{7.33}$$

Wir betrachten also die entgegengesetzt wirkenden Kräfte Coulombkraft und Gewichtskraft. Damit erhalten wir

$$m\mathbf{a} = \mathbf{F}_C - \mathbf{F}_g. \tag{7.34}$$

Jetzt können wir noch den Beschleunigungsvektor mit der Beschleunigungskomponente in z-Richtung austauschen ($\mathbf{a} = a_z$) und die Kurzschreibweise ($a_z = \ddot{z}$) verwenden. So erhalten wir

$$m\ddot{z} = \mathbf{F}_C - \mathbf{F}_g. \tag{7.35}$$

Sobald also die Coulombkraft die Gewichtskraft kompensiert, befindet sich das Elektron in Ruhe ($\ddot{z} = 0$).

Durch Einsetzen der entsprechenden Formeln erhalten wir:

$$0 = eE_x - mg. \tag{7.36}$$

Abb. 7.7 Millikan-Versuch mit einem Elektron

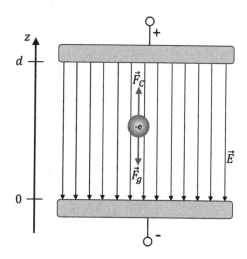

Für das elektrische Feld eines Plattenkondensators gilt $E_x = U/d$. Das setzen wir ein in Gl. 7.36 und stellen um nach U. Das ergibt:

$$U = \frac{m}{e}gd \qquad (7.37)$$

Das ist der Lösungsweg über die Bewegungsgleichung. Ein anderer Lösungsweg wäre, einfach beide Kräfte gleichzusetzen. Das Ergebnis wäre dasselbe.

7.7.2 Elektronen und Protonen im elektrischen Querfeld

Jetzt weiter mit dem Querfeld. Dazu betrachten wir ein Elektron mit Anfangsgeschwindigkeit in x-Richtung. Es trifft auf ein elektrisches Feld, dessen Feldlinien senkrecht zur Bewegungsrichtung stehen, also ein Querfeld. In diesem Fall vernachlässigen wir die Gewichtskraft, da die Coulombkraft viel stärker ist als die Gewichtskraft. Das Elektron wird von der Coulombkraft in z-Richtung beschleunigt, während es in x-Richtung mit konstanter Geschwindigkeit v_{x0} weiterfliegt. Dadurch bewegt es sich auf einer Parabel, bis es schließlich auf die Kondensatorplatte trifft (Abb. 7.8). Als Nächstes unterscheiden wir die Bewegungsrichtungen, mit dem Ziel, sie mit der Bewegungsgleichung des Weg-Zeit-Gesetzes herzuleiten.

Wir beginnen mit der x-Richtung. Wie erwähnt, bewegt sich das Elektron mit einer konstanten Anfangsgeschwindigkeit ($v_{x0} = konstant$), da keine Kraft in x-Richtung wirkt. Wir können also für die Bewegungsgleichung schreiben:

$$m\mathbf{a} = 0 \qquad (7.38)$$

Abb. 7.8 Elektron mit Anfangsgeschwindigkeit v_{x0} im elektrischen Querfeld

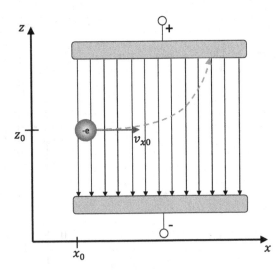

oder mit der vereinfachten Punktschreibweise:

$$m\ddot{x} = 0 \qquad (7.39)$$

Als Nächstes stellen wir die Gleichung nach $\ddot{x}$ um und erhalten

$$\ddot{x} = 0. \qquad (7.40)$$

Die Integration der Beschleunigung liefert uns das Geschwindigkeits-Zeit-Gesetz

$$\dot{x} = \int \ddot{x}\,\mathrm{d}t = C_1. \qquad (7.41)$$

Die erneute Integration liefert uns schließlich das Weg-Zeit-Gesetz:

$$x = \iint \ddot{x}\,\mathrm{d}t = \int \dot{x}\,\mathrm{d}t = \int C_1\,\mathrm{d}t = C_1 t + C_2. \qquad (7.42)$$

Abschließend können wir noch die Integrationskonstanten definieren. Dabei ist C_1 die Anfangsgeschwindigkeit v_{x0} und C_2 der Anfangsweg x_0. Achtung an dieser Stelle: Vergessen Sie den Anfangsweg nicht. In Abb. 7.8 ist der Koordinatenursprung nicht direkt am Anfang des Plattenkondensators. Das macht es notwendig, den Anfangsweg zu beachten. Auch das zeigt wieder, dass sich präzise Schreibweise lohnt. Es ergibt sich also das Weg-Zeit-Gesetz für die x-Richtung:

$$x = v_{x0}t + x_0. \qquad (7.43)$$

Für die z-Richtung müssen wir zunächst auch die Bewegungsgleichung aufstellen. Hier wirkt eine Kraft: die Coulomkraft. Deshalb gilt:

$$m\mathbf{a} = \mathbf{F}_C \qquad (7.44)$$

Jetzt tauschen wir den Beschleunigungsvektor mit der Beschleunigungskomponente in z-Richtung ($\mathbf{a} = a_z$), verwenden die Kurzschreibweise ($a_z = \ddot{z}$). Außerdem setzen wir die Coulombkraft ein und erhalten:

$$m\ddot{z} = eE_z \qquad (7.45)$$

Als nächstes stellen wir die Gleichung nach $\ddot{z}$ um und erhalten

$$\ddot{z} = \frac{e}{m}E_z. \qquad (7.46)$$

Die Integration der Beschleunigung liefert uns das Geschwindigkeits-Zeit-Gesetz in z-Richtung:

$$\dot{z} = \int \ddot{z}\,\mathrm{d}t = \frac{e}{m}E_z t + C_1. \qquad (7.47)$$

Die erneute Integration liefert uns schließlich:

$$z = \iint \ddot{z}\,\mathrm{d}t = \int \dot{z}\,\mathrm{d}t = \int \frac{e}{m}E_z t + C_1 \mathrm{d}t = \frac{1}{2}\frac{e}{m}E_z t^2 + C_1 t + C_2. \quad (7.48)$$

Auch hier dürfen wir die Integrationskonstante C_2 nicht vergessen. Dabei gehen wir wie folgt vor: C_1 ist die Anfangsgeschwindigkeit $v_{z0} = 0$ und C_2 der Anfangsweg z_0. Es ergibt sich damit das Weg-Zeit-Gesetz in z-Richtung:

$$z = \frac{1}{2}\frac{e}{m}E_z t^2 + z_0. \quad (7.49)$$

7.8   Elektrisches Potenzial

Das elektrische Potenzial ist eine Größe in der Physik. Sie beschreibt ein elektrisches Feld unabhängig von seiner Probeladung. Dieses Potenzial ergibt sich aus dem negativen Quotienten aus der Änderung der potenziellen Energie und der Probeladung selbst.

▶   Merke Das **elektrische Potenzial** eines Punktes im elektrischen Feld ist definiert als:

$$\varphi = -\int_{\infty}^{P} \mathbf{E} \cdot \mathrm{d}\mathbf{r} \quad (7.50)$$

- P steht hierbei für einen beliebigen Punkt.
- Das Integral beginnt bei unendlich (∞) und endet am Punkt P.
- Der Startpunkt bei unendlich ist willkürlich gewählt. Er dient lediglich als Referenzpunkt. Dennoch hat er sich in der Literatur durchgesetzt.

Anders in der Praxis: Hier ist oft der Potenzialunterschied, also die Differenz zweier Potenziale, relevant. Er ist gegeben mit:

$$\Delta\varphi = \varphi_2 - \varphi_1 = -\int_{\infty}^{P_2} \mathbf{E} \cdot \mathrm{d}\mathbf{r} - \left(-\int_{\infty}^{P_1} \mathbf{E} \cdot \mathrm{d}\mathbf{r}\right) = -\int_{\infty}^{P_2} \mathbf{E} \cdot \mathrm{d}\mathbf{r} + \int_{\infty}^{P_1} \mathbf{E} \cdot \mathrm{d}\mathbf{r}$$
$$(7.51)$$

Hier klauen wir einen Trick von den Mathematikern. Wir tauschen einfach die Integrationsgrenzen. Dann muss sich das Vorzeichen ändern. Wir erhalten also:

$$\Delta\varphi = -\int_{\infty}^{P_2} \mathbf{E} \cdot \mathrm{d}\mathbf{r} + \int_{\infty}^{P_1} \mathbf{E} \cdot \mathrm{d}\mathbf{r} = -\int_{\infty}^{P_2} \mathbf{E} \cdot \mathrm{d}\mathbf{r} - \int_{P_1}^{\infty} \mathbf{E} \cdot \mathrm{d}\mathbf{r} \quad (7.52)$$

Und es geht noch weiter: Da das erste Integral bei unendlich startet und das zweite Integral bei unendlich endet, können wir sie zusammenfassen. Es folgt:

$$\Delta\varphi = -\int_{\infty}^{P_2} \mathbf{E} \cdot d\mathbf{r} - \int_{P_1}^{\infty} \mathbf{E} \cdot d\mathbf{r} = -\int_{P_1}^{P_2} \mathbf{E} \cdot d\mathbf{r} \qquad (7.53)$$

Jetzt wird auch klar, warum der Referenzpunkt nicht entscheidend ist. Er verschwindet einfach. Für den Potenzialunterschied ist er nicht relevant.

Da der Potenzialunterschied so oft berechnet wird, führen wir jetzt einen eigenen Begriff für ihn ein: die Spannung.

▶ **Merke** Die **elektrische Spannung** ist gleich dem Betrag des Potenzialunterschieds:

$$U = |\varphi_2 - \varphi_1| = \int_{P_1}^{P_2} \mathbf{E} \cdot d\mathbf{r} \qquad (7.54)$$

- Bitte beachten Sie: Da wir den Betrag betrachten, könnten wir auch schreiben: $U = |\varphi_1 - \varphi_2|$
- Es ist nicht nötig, der Spannung ein Vorzeichen zu geben, solange es keine Richtungsfestlegungen in einem konkreten Stromkreis gibt.

Die Einheit der Spannung ist Volt:

$$[U] = V \qquad (7.55)$$

Achtung Bei der Beschreibung von Atomen und Molekülen benutzen Physiker/-innen statt Joule gern die Einheit Elektronenvolt. Ein Elektronenvolt entspricht der Energie, die ein Elektron gewinnt, wenn es die Potenzialdifferenz eines Volts überwindet. Damit gilt:

$$[E] = 1\,\text{eV} = 1{,}602 \cdot 10^{-19}\,\text{C} \cdot 1\,\text{V} = 1{,}602 \cdot 10^{-19}\,\text{J} \qquad (7.56)$$

7.9 Äquipotenzialflächen

Sie kennen nun das elektrische Potenzial φ. Es kann auf einer bestimmten Fläche konstant sein. Physiker/-innen sprechen dann von **Äquipotenzialflächen**. Diese können wir mit Höhenlinien auf einer Landkarte vergleichen, bei der jede Linie für

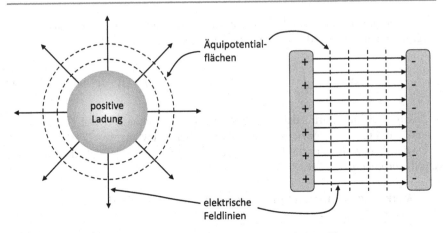

Abb. 7.9 Äquipotenzialflächen einer Punktladung und zweier geladener Platten

eine konkrete Höhe steht. Im Fall der Äquipotenzialflächen steht jede Linie für ein Potenzial. Dabei stehen Äquipotenzialflächen immer senkrecht zu den elektrischen Feldlinien, wie in Abb. 7.9 zu sehen. Sie fragen sich vielleicht, warum wir von Flächen sprechen, obwohl in Abb. 7.9 Linien zu sehen sind. Dies liegt daran, dass wir uns die Punktladung dreidimensional vorstellen. Das heißt, die Äquipotenzialfläche umschließt die Ladung wie eine Schale. Abb. 7.9 zeigt den Querschnitt solch einer Schale.

7.10 Plattenkondensator und Kapazität

Nun stellen Sie sich zwei metallische Platten vor, die sich fast – aber nur fast – berühren. Es handelt sich um einen sog. Plattenkondensator, wie in Abb. 7.10. Zwischen den Platten befindet sich entweder luftleerer Raum oder ein anderes nichtleitendes Material – also ein sog. Dielektrikum.

Abb. 7.10 Plattenkondensator mit zwei Metallplatten

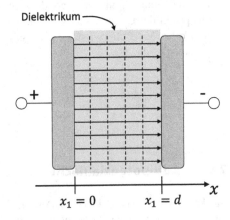

Innerhalb des Kondensators entsteht nun ein homogenes elektrisches Feld, ausgerichtet in x-Richtung. Wir erhalten folgende Bedingungen für den Fall, dass das Dielektrikum aus luftleerem Raum besteht:

$$E = E_x = konstant \tag{7.57}$$

Außerdem gilt für die Spannung:

$$U = \int_{x_1}^{x_2} E_x \,\mathrm{d}x = \int_0^d E_x \,\mathrm{d}x = E_x d \tag{7.58}$$

Diese Gleichung gilt für alle Plattenkondensatoren mit homogenem elektrischem Feld. Daher folgt jetzt die entsprechende Gleichung ohne Indizes. Sie hält den allgemeinen Zusammenhang zwischen angelegter Spannung und elektrischem Feld fest:

$$E = \frac{U}{d} \tag{7.59}$$

Nun legen wir eine Spannung an den Kondensator. Eine Platte sammelt mehr positive, die andere mehr negative Ladung. Der Quotient aus gespeicherter Ladung und Spannung bildet die **Kapazität**:

$$C = \frac{Q}{U} \tag{7.60}$$

Die Kapazität kann auch über die Materialeigenschaften des Dielektrikums und den geometrischen Größen des Plattenkondensators berechnet werden.

▶ **Merke** Die **Kapazität** im Plattenkondensator mit Dielektrikum ist gegeben durch:

$$C = \varepsilon_r \varepsilon_0 \frac{A}{d} \tag{7.61}$$

- Die Fläche A bezieht sich auf die Metallplatten, wobei wir annehmen, dass beide dieselbe Fläche haben.
- Der Plattenabstand d steht im Nenner. Also verringert sich die Kapazität, sobald dieser steigt.
- ε_0 ist die Permittivität – also Leitfähigkeit – des Vakuums und besitzt den Wert $8854 \cdot 10^{-12}$ F/m.
- ε_r ist die materialabhängige relative Permittivität.
- Im Vakuum bzw. näherungsweise in der Luft gilt für die relative Permittivität: $\varepsilon_r = 1$
- Für die meisten Dielektrika liegt ε_r zwischen 1 und 100. Deshalb vergrößert sich die Kapazität mit einem Dielektrikum.

Die Einheit der Kapazität ist Farad:

$$[C] = F \qquad (7.62)$$

Beispiel

Die Metallplatten eines Kondensators besitzen eine Fläche von $A = 10\,\text{cm}^2$ und einen Plattenabstand von $d = 0,1\,\text{mm}$. Zwischen den Platten befindet sich Luft. Somit gilt:

$$C = \varepsilon_0 \frac{A}{d} = 8854 \cdot 10^{-12}\,\text{F/m} \frac{10^{-3}\,\text{m}^2}{10^{-4}\,\text{m}} = 8854 \cdot 10^{-11}\,\text{F} \approx 90\,\text{pF} \qquad (7.63)$$

In der Praxis werden oft Kondensatoren innerhalb eines Schaltkreises miteinander verbunden. Dabei unterscheiden Physiker/-innen Reihen- und Parallelschaltungen: Im Fall einer **Reihenschaltung** gilt für die Kapazität:

$$\frac{1}{C_{ges}} = \sum_i \frac{1}{C_i} = \frac{1}{C_1} + \frac{1}{C_2} + \frac{1}{C_3} + \dots \qquad (7.64)$$

Im Fall einer **Parallelschaltung** hingegen, addieren sich die Kapazitäten:

$$C_{ges} = \sum_i C_i = C_1 + C_2 + C_3 + \dots \qquad (7.65)$$

7.11 Elektrische Größen im Gleichstromkreis

Jetzt geht's weiter mit elektrischen Gleichstromkreisen. Das sind Kreisläufe, in denen elektrischer Strom stets in nur eine Richtung fließt. Aus dem ersten Kapitel kennen Sie bereits Ampere als Einheit der elektrischen Stromstärke:

$$[I] = A \qquad (7.66)$$

Die Ladung im Gleichstromkreis können Sie sich als konstanten Fluss vorstellen. Physiker/-innen würden sagen: Der elektrische Strom ist durch die zeitliche Ableitung der Ladung nach der Zeit charakterisiert. Oder auch: Die **elektrische Stromstärke** ergibt sich aus der zeitlichen Änderung der Ladungsträger:

$$I = \frac{dQ}{dt} = \dot{Q} \qquad (7.67)$$

Der elektrische Strom wird durch Spannung erzeugt. Die **elektrische Leistung** hängt dabei sowohl von der Spannung als auch vom elektrischen Strom ab:

$$P = UI \qquad (7.68)$$

Im Fall von elektrischen Leitern, wie zum Beispiel Metallen, ist die Spannung proportional zur Stromstärke. Diese Tatsache ist bekannt als **Ohmsches Gesetz**:

$$U = RI \qquad (7.69)$$

Der Proportionalitätsfaktor R ist der **elektrische Widerstand**. Den Zusammenhang zwischen Spannung, Stromstärke und Widerstand kann man sich vielleicht merken mit "URI". Klingt ulkig und bleibt deshalb eher im Gedächtnis. Die Einheit des elektrischen Widerstands ist Ohm:

$$[R] = \Omega \qquad (7.70)$$

Den Widerstand eines elektrischen Leiters können wir auch über seine geometrischen Größen und Materialeigenschaften berechnen, also mit Länge l und Fläche A des Leiters:

$$R = \rho \frac{l}{A} \qquad (7.71)$$

ρ ist der **spezifische Widerstand**. Er verrät, wie groß der elektrische Widerstand eines bestimmten Materials ist.

Übrigens: Steigt die Temperatur eines Metalls, steigt auch der spezifische Widerstand. Bei Halbleitern und Isolatoren ist es anders: Bei steigender Temperatur sinkt der Widerstand.

7.12 Elektrische Netzwerke

Jetzt zu elektrischen Netzwerken. Die hier betrachteten Systeme bestehen aus verschiedenen Bestandteilen, die mit verschiedenen Zeichen symbolisiert werden: Elektrische Leiter und Kapazitäten sind als Striche dargestellt. Widerstände werden mit Kästen gezeichnet und die Spannungsquelle mit einem kleinen und einem großen Strich (siehe Abb. 7.11). Der kleine Strich steht für den negativen, der große Strich für den positiven Pol. Die Leiter können miteinander über sogenannte Knotenpunkte verbunden sein. Ein geschlossener Stromkreis innerhalb des Netzwerks heißt in der Fachsprache Masche.

Zuerst stellt sich die Frage: In welche Richtung fließt der Strom? Tatsächlich wird diese Frage in der Physik anders beantwortet als in der Technik. In der Physik wird solch ein elektrischer Strom über die Bewegung der Elektronen beschrieben.

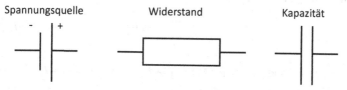

Abb. 7.11 Symbolische Darstellung von elektrischen Bauelementen

Abb. 7.12 Elektrischer
Schaltkreis mit
Spannungsquelle und
Widerstand

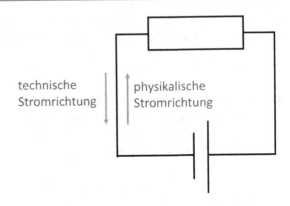

technische   physikalische
Stromrichtung   Stromrichtung

Demnach fließt er vom negativen zum positiven Pol, wie in Abb. 7.12 zu sehen. In
der Technik hingegen wird die Stromrichtung andersherum angegeben. Hier fließt
der Strom vom positiven zum negativen Pol. Dieses Durcheinander ist historisch
gewachsen. Mit der Entdeckung der Elektrizität wurde festgelegt, dass der Strom
vom Plus- zum Minuspol fließen sollte. Mit forschreitender Forschung in der Physik
fiel jedoch auf, dass es tatsächlich andersherum ist.

▶   Merke Die **physikalische Stromrichtung** orientiert sich an der Bewe-
    gung von Elektronen. Die **technische Stromrichtung** richtet sich nach
    der Bewegung von Protonen.

7.13   Kirchhoffsche Regeln

Wie Sie Ströme und Spannungen im elektrischen Netzwerk abbilden, zeigt Abb. 7.13.
Um sie zu beschreiben, verwenden wir die Kirchhoffschen Regeln. Dazu gehören
der Knotenpunktsatz und der Maschensatz.
    Wir starten mit dem Knotenpunktsatz.

▶   Merke **Der Knotenpunktsatz** hält fest: In einem Knotenpunkt ist die
    Summe der zufließenden Ströme gleich der abfließenden Ströme
    (Abb. 7.14a). Gehen wir davon aus, dass die zufließenden Ströme ein
    positives Vorzeichen haben und die abfließenden ein negatives, ist die
    Summe aller Ströme gleich null:

$$I_{ges} = \sum_i I_i = 0 \qquad (7.72)$$

Laut Knotenpunktsatz gilt für Abb. 7.14a: $I_{ges} = I_1 + I_2 - I_3 + I_4 - I_5 = 0$.
Oder auch so: $I_1 + I_2 + I_4 = I_3 + I_5$.

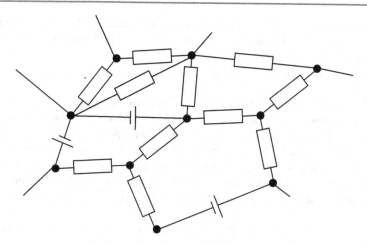

Abb. 7.13 Elektrisches Netzwerk aus Spannungsquellen und Widerständen

Beispiel

Wir berechnen die Stromstärke I_4 in Abb. 7.14a. Die anderen Stromstärken sind gegeben mit $I_1 = 20\,\mathrm{mA}$, $I_2 = 10\,\mathrm{mA}$, $I_3 = 50\,\mathrm{mA}$ und $I_5 = 40\,\mathrm{mA}$.
Lösung: Laut Knotenpunktsatz gilt:

$$I_1 + I_2 - I_3 + I_4 - I_5 = 0 \tag{7.73}$$

Wenn wir nach I_4 umstellen, erhalten wir:

$$I_4 = I_5 + I_3 - I_2 - I_1 = 40\,\mathrm{mA} + 50\,\mathrm{mA} - 10\,\mathrm{mA} - 20\,\mathrm{mA} = 60\,\mathrm{mA} \tag{7.74}$$

Und der Knotenpunktsatz kann noch mehr: Schauen Sie sich Abb. 7.14b an. Hier wird der Strom I_1 auf drei kleinere Ströme I_2, I_3 und I_4 aufgeteilt. Deshalb gilt $I_1 = I_2 + I_3 + I_4$ bzw. $I_1 - I_2 - I_3 - I_4 = 0$.

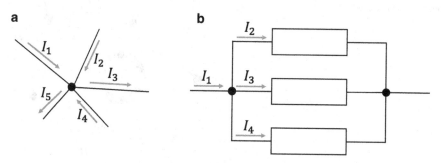

Abb. 7.14 Knotenpunkte eines elektrischen Netzwerks

Das ist gut vergleichbar mit einer Wasserleitung, die Sie in drei kleine Leitungen aufteilen. Klar, dass durch die große Leitung genauso viel Wasser fließt, wie in den drei kleinen Leitungen zusammen.

Weiter geht's mit dem Maschensatz.

▶ **Merke** Der **Maschensatz** besagt: Innerhalb einer Masche ist die Summe aller Spannungen an den Quellen gleich der Summe aller Spannungen, die an den Widerständen abfallen. Oder auch: Die Summe aller Spannungen innerhalb einer Masche ist gleich null. Es muss eine Richtung von Ihnen festgelegt werden, zum Beispiel im Uhrzeigersinn (Abb. 7.15). Damit gelten die Spannungen in Richtung Uhrzeigersinn als positiv, entgegengesetzte Spannungen gelten als negativ. Damit ergibt sich:

$$U_{ges} = \sum_i U_i = 0 \qquad (7.75)$$

Für Abb. 7.15 erhalten wir: $U_{ges} = U_1 + U_2 + U_3 + U_4 - U_5 = 0$

Beispiel

Wir berechnen die Spannung U_2 in Abb. 7.15. Die anderen Spannungen sind gegeben mit $U_1 = 2\,\text{V}$, $U_3 = 5\,\text{V}$, $U_4 = 2\,\text{V}$ und $U_5 = 12\,\text{V}$.

Lösung: Laut Maschensatz gilt:

$$U_1 + U_2 + U_3 + U_4 - U_5 = 0 \qquad (7.76)$$

Wenn wir nach U_2 umstellen, erhalten wir:

$$U_2 = U_5 - U_1 - U_3 - U_4 = 12\,\text{V} - 2\,\text{V} - 5\,\text{V} - 2\,\text{V} = 3\,\text{V} \qquad (7.77)$$

Abb. 7.15 Masche eines elektrischen Netzwerks

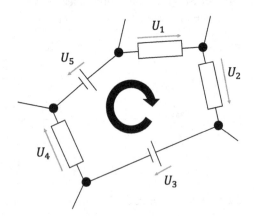

Beispiel

Wir berechnen die Spannung U_2 in Abb. 7.15. Die anderen Spannungen sind gegeben mit $U_1 = 2\,\text{V}$, $U_3 = 5\,\text{V}$, $U_4 = 2\,\text{V}$ und $U_5 = 12\,\text{V}$.
Lösung: Laut Maschensatz gilt:

$$U_1 + U_2 + U_3 + U_4 - U_5 = 0 \tag{7.78}$$

Wenn wir nach U_2 umstellen, erhalten wir:

$$U_2 = U_5 - U_1 - U_3 - U_4 = 12\,\text{V} - 2\,\text{V} - 5\,\text{V} - 2\,\text{V} = 3\,\text{V} \tag{7.79}$$

Weder in den Klausuren im Studium noch in der Praxis, werden Sie es oft erleben, dass alle Spannungen gegeben sind. Sie müssen sich also selbst helfen. Gut, dass Sie das Ohmsche Gesetz hierfür schon kennen (Gl. 7.69).

Abb. 7.16 zeigt ein Beispiel. Sie sehen ein elektrisches Netzwerk mit zwei Spannungsquellen und zwei Widerständen. Wir haben hiermit einen geschlossenen Kreislauf ohne weitere Knotenpunkte, also eine Masche. Die Quellspannungen sind gegeben. Wir müssen also nur noch die Spannungen an den Widerständen berechnen. Diese erhalten wir mit

$$U_1 = R_1 I_1 \tag{7.80}$$

und

$$U_2 = R_2 I_2 \tag{7.81}$$

Laut Maschensatz gilt

$$U_1 + U_2 = U_3 + U_4 \tag{7.82}$$

Wenn wir nun die obigen Formeln einsetzen, erhalten wir

$$R_1 I_1 + R_2 I_2 = U_3 + U_4 \tag{7.83}$$

Abb. 7.16 Elektrisches Netzwerk mit zwei Spannungsquellen und zwei Widerständen

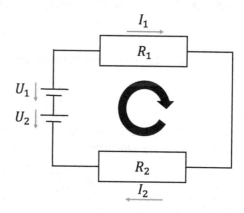

Achtung: Im Maschensatz haben wir die Spannungen an den Widerständen links und die Quellspannungen rechts der Gleichung notiert. Manche Professoren/innen und Lehrbücher hingegen unterscheiden zwischen den Spannungen an der Quelle und Spannungen an den Widerständen. Dann sieht der Maschensatz ein bisschen anders aus:

$$\sum_i U_{Ri} = \sum_i U_{Qi} \tag{7.84}$$

Hierbei steht U_{Ri} für eine Spannung am Widerstand und U_{Qi} für eine Quellenspannung.

Beide Versionen führen zum korrekten Ergebnis. Schauen Sie sich dazu auch noch einmal Abb. 7.16 an.

Solche unterschiedlichen Schreibweisen für das gleiche Gesetz werden Ihnen – anders als aus der Schule gewöhnt – im Studium immer wieder begegnen. Deshalb ist es umso wichtiger, dass Sie wirklich verstehen, was Sie tun – und nicht einfach auswendig lernen.

Nun noch einmal zurück zu den Kirchhoffschen Regeln. Mit ihrer Hilfe können Sie zusätzliche Gesetzmäßigkeiten für die Reihen- und Parallelschaltung von Widerständen herleiten: Sobald mehrere Widerstände in Reihe geschaltet sind (Abb. 7.17a), fließt durch alle Widerstände der gleiche Strom I.

Im Fall einer **Reihenschaltung** gilt für den Gesamtwiderstand:

$$R_{ges} = \sum_i R_i = R_1 + R_2 + R_3 + \ldots \tag{7.85}$$

Außerdem gilt hier die sogenannte Spannungsteilerregel. Sie besagt, dass die Gesamtspannung auf die Widerstände aufgeteilt wird:

$$\frac{U_1}{U_2} = \frac{R_1}{R_2} \tag{7.86}$$

Im Fall einer Parallelschaltung von Wiederständen gilt, dass an den Widerständen stets die gleiche Spannung anliegt. Gleichzeitig wird hier der Strom aufgeteilt. Mit Hilfe der Abb. 7.17b und des Knotenpunktsatzes erhalten wir für die Ströme:

$$I_{ges} = I_1 + I_2 \tag{7.87}$$

Mit dem Ohmschen Gesetz ergibt sich schließlich:

$$\frac{U}{R_{ges}} = \frac{U_1}{R_1} + \frac{U_2}{R_1} \tag{7.88}$$

Zur Erinnerung: Die Spannungen sind an allen Widerständen gleich groß. Deshalb gilt $U = U_1 = U_2$. Damit erhalten wir für die **Parallelschaltung** von Widerständen:

$$\frac{1}{R_{ges}} = \sum_i \frac{1}{R_i} = \frac{1}{R_1} + \frac{1}{R_1} + \ldots \tag{7.89}$$

Abb. 7.17 **a**
Reihenschaltung und **b**
Parallelschaltung von
Widerständen

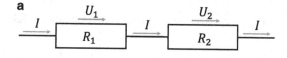

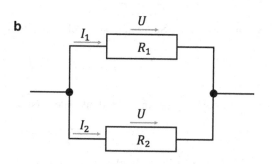

7.14   Kurz und knapp: Das gehört auf den Spickzettel

- Die elektrische Feldstärke ist definiert als die Coulombkraft geteilt durch eine Probeladung:

$$\mathbf{E} = \frac{1}{4\pi\varepsilon_0} \frac{Q}{r^2} \mathbf{e}$$

- Pfeile am Ende der Feldlinien zeigen, in welche Richtung sich Protonen bewegen.
- Feldlinien überlappen oder überschneiden sich nie.
- Feldlinien verlaufen senkrecht, wenn sie auf elektrische Leiter treffen.
- Der Betrag der elektrischen Feldstärke ist proportional zur Feldliniendichte.
- Das elektrische Dipolmoment beschreibt zwei Ladungen unterschiedlicher Vorzeichen, die trotz Abstand starr miteinander verbunden sind:

$$\mathbf{p} = Q\mathbf{l}$$

- Verschiebt sich innerhalb eines elektrischen Feldes eine Probeladung Q_P von Punkt P_1 zu Punkt P_2, berechnen Sie die geleistete Arbeit mit:

$$W_{el} = -Q_P \int_{P_1}^{P_2} \mathbf{E} \cdot \mathrm{d}\mathbf{r}$$

- Die potenzielle Energie in einem elektrischen Feld wird berechnet mit:

$$E_{pot} = Q_P E x$$

- Das elektrische Potenzial eines Punktes im elektrischen Feld ist definiert als:

$$\varphi = -\int_{\infty}^{P} \mathbf{E} \cdot d\mathbf{r}$$

- Die elektrische Spannung ist gleich dem Betrag des Potenzialunterschieds:

$$U = |\varphi_2 - \varphi_1| = \int_{P_1}^{P_2} \mathbf{E} \cdot d\mathbf{r}$$

- Die Spannung in einem Plattenkondensator kann berechnet werden mit:

$$U = E_x d$$

- Die Kapazität im Plattenkondensator mit Dielektrikum ist gegeben durch:

$$C = \varepsilon_r \varepsilon_0 \frac{A}{d}$$

- Im Fall einer Reihenschaltung gilt für die Kapazität:

$$\frac{1}{C_{ges}} = \sum_i \frac{1}{C_i}$$

- Im Fall einer Parallelschaltung hingegen, addieren sich die Kapazitäten:

$$C_{ges} = \sum_i C_i$$

- Die elektrische Stromstärke ergibt sich aus der zeitlichen Änderung der Ladungsträger:

$$I = \frac{dQ}{dt}$$

- Die elektrische Leistung wird berechnet mit:

$$P = UI$$

- Das Ohmsche Gesetz beschreibt den Zusammenhang zwischen Spannung, Widerstand und Stromstärke:

$$U = RI$$

- Der Widerstand eines elektrischen Leiters wird berechnet mit:

$$R = \rho \frac{l}{A}$$

- Die physikalische Stromrichtung orientiert sich an der Bewegung von Elektronen.
- Die technische Stromrichtung richtet sich nach der Bewegung von Protonen.
- Knotenpunktsatz: In einem Knotenpunkt ist die Summe der zufließenden Ströme gleich der abfließenden Ströme:

$$I_{ges} = \sum_i I_i = 0$$

- Maschensatz: Innerhalb einer Masche ist die Summe aller Spannungen an den Quellen gleich der Summe aller Spannungen, die an den Widerständen abfallen:

$$U_{ges} = \sum_i U_i = 0$$

- Bei einer Reihenschaltung gilt für den Gesamtwiderstand:

$$R_{ges} = \sum_i R_i$$

- Für die Parallelschaltung von Widerständen gilt:

$$\frac{1}{R_{ges}} = \sum_i \frac{1}{R_i}$$

7.15 Gut vorbereitet? Testen Sie sich selbst!

Diese Aufgaben könnten Sie in der schriftlichen Prüfung erwarten:

1. Ein mit Luft gefüllter Plattenkondensator besteht aus runden Kondensatorplatten ($r = 0,1$ m). Wie groß ist die Kapazität, wenn der Plattenabstand $d = 0,02$ m beträgt?
2. Wie groß ist die elektrische Feldstärke in einem Plattenkondensator mit dem Plattenabstand 0,05 m, wenn eine Spannung von 5 V anliegt?
3. Welche potenzielle Energie besitzt eine Probeladung $Q_P = e = 1602 \cdot 10^{-19}$ C in einem elektrischen Feld mit der Feldstärke $E_x = 100$ V/m?
4. Berechnen Sie den Gesamtwiderstand, wenn die Einzelwiderstände $R_1 = 1\,\Omega$, $R_2 = 5\,\Omega$, $R_3 = 3\,\Omega$, $R_4 = 1\,\Omega$ und $R_5 = 2\,\Omega$

   a. in Reihe geschaltet und
   b. parallel geschaltet sind.

5. Berechnen Sie die Stromstärke I_1 im folgenden Knotenpunkt: Dabei sind die folgenden Stromstärken gegeben: $I_2 = 60\,\text{mA}$, $I_3 = 10\,\text{mA}$, $I_4 = 30\,\text{mA}$ und $I_5 = 5\,\text{mA}$

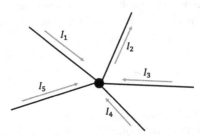

Diese Fragen könnten Sie in der mündlichen Prüfung erwarten:

1. Welche Informationen erhalten Sie aus einem Feldlinienbild?
2. Was ist ein homogenes elektrisches Feld?
3. Was verstehen Sie unter einer Nettoladung?
4. Was verstehen Sie unter einem Längs- und einem Querfeld?
5. Wie ist die elektrische Spannung definiert?
6. Welche Informationen liefern Äquipotenzialflächen?
7. Steigt bei Metallen, Halbleitern oder bei Isolatoren der spezifische Widerstand mit steigender Temperatur?
8. Was besagt der Knotenpunktsatz?
9. Was besagt der Maschensatz?

Magnetismus

8

8.1 Was ist Magnetismus?

Ähnlich wie bei der Elektrizität geht es beim Magnetismus um zwei Pole: Hier sind es Nord- und Südpol, die Kräfte aufeinander ausüben. Gleiche Pole stoßen einander ab, unterschiedliche Pole ziehen einander an. Wirken diese Kräfte permanent sprechen Physiker/-innen von Permanentmagneten.

- Permanentmagnete bestehen aus sogenanntem „ferromagnetischem" Material. Die Kraft eines ferromagnetischen Magneten wirkt durch nichtferromagnetisches Material hindurch. Abgeschirmt werden kann sie nur durch anderes ferromagnetisches Material.
- Eine Besonderheit sind sogenannte Stabmagneten. Sie sind meist zylinder- oder quaderförmig und bestehen ausschließlich aus einem Nord- und einem Südpol.
- Auch unsere Erde hat einen „Nord- und Südpol", die einander anziehen und ein magnetisches Feld bilden. Aber Achtung: Das magnetische Feld unseres Planeten verläuft in umgekehrter Richtung zu den geografischen Bezeichnungen „Nord- und Südpol".

8.2 Magnetische Felder

Über Magnete entsteht ein magnetisches Feld. Der Grund dafür sind in Bewegung geratene Elektronen. Warum Elektronen sich bewegen, hat wiederum zwei Ursachen:

1. Bewegte elektrische Ladung. Ein Stromkabel ist hierfür ein gutes Beispiel. Der hier fließende elektrische Strom I erzeugt ein Magnetfeld, wie in Abb. 8.1 zu sehen. Es lässt sich mit dem Strom an- und abstellen, ist also nicht permanent vorhanden.

© Springer-Verlag GmbH Deutschland, ein Teil von Springer Nature 2021
P. Steglich und K. Heise, *Vorkurs Physik fürs MINT-Studium*,
https://doi.org/10.1007/978-3-662-62126-4_8

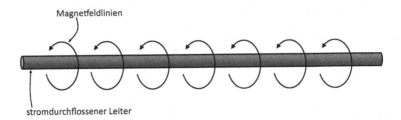

Magnetfeldlinien

stromdurchflossener Leiter

Abb. 8.1 Magnetfeld eines stromdurchflossenen Leiters

2. Der Spin der Elektronen. Hier geht es um das Phänomen, dass sich Elektronen ständig um sich selbst drehen. Auch hier entsteht ein Magnetfeld – und dieses ist permanent vorhanden.

Doch Magnete können nicht nur magnetische Felder verursachen. Tatsächlich können sie auch elektrische Felder hervorbringen. Wie diese entstehen, lernen Sie später in diesem Kapitel. Doch zunächst noch einmal zurück zum magnetischen Feld. Um es zu zeichnen, verwenden Physiker/-innen Feldlinien – ganz ähnlich wie bei elektrischen Feldern. Diese magnetischen Feldlinien verlaufen immer vom Nord- zum Südpol, bilden also einen geschlossenen Kreislauf. In der zweidimensionalen Darstellung, werden diese Feldlinien aus der Papierebene heraus- und hineinführen. Diese kennzeichnen wir entweder mit einem Punkt (·) oder einem Kreuz (×). Der Punkt zeigt an, dass die Linie aus dem Papier herausführt. Stellen Sie ihn sich einfach als Pfeilspitze vor. Ein Kreuz zeigt an, dass die Linie ins Papier hineinführt. Beide Fälle sind in Abb. 8.2 gezeigt. Hier stellen Sie sich ein Pfeilende vor. Je dichter die Feldlinien, desto höher die sogenannte Feldstärke. Zur Feldstärke wiederum erfahren Sie mehr im folgenden Abschnitt.

Abb. 8.2 (**a**) und (**b**) zeigen Feldlinien, die aus der Papierebene herauszeigen, wobei (b) eine geringere Feldstärke besitzt. (**c**) und (**d**) zeigen Magnetfelder, die in die Papierebene hineinverlaufen. Hier zeigt (c) die größere Feldstärke

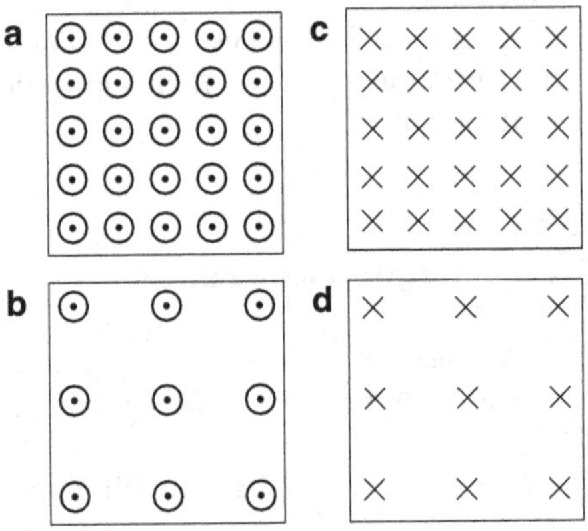

8.3 Feldstärke, Flussdichte und magnetischer Fluss

Jetzt soll es darum gehen, das magnetische Feld zu charakterisieren. Das gelingt erstens mit Hilfe der Feldstärke, zweitens mit Hilfe des magnetischen Flusses sowie drittens mit der Flussdichte.

Wir beginnen mit der magnetischen Feldstärke. Als vektorielle Größe beschreibt sie für jeden Raumpunkt die Stärke und Richtung eines Magnetfelds. Ihre Einheit ist Ampere pro Meter. Sie ist also gegeben mit:

$$[H] = \frac{A}{m} \tag{8.1}$$

Weiter mit der magnetischen Flussdichte B, auch magnetische Induktion oder umgangssprachlich einfach nur Magnetfeld genannt. Als physikalische Größe misst sie die Dichte des magnetischen Flusses, der senkrecht durch eine konkrete Fläche durchtritt. Ihre Einheit heißt Tesla:

$$[B] = T \tag{8.2}$$

Die **magnetische Flussdichte** ist gegeben durch den magnetischen Fluss pro Fläche:

$$B = \frac{\Phi_m}{A} \tag{8.3}$$

Der **magnetische Fluss** wiederum ist definiert als die magnetische Flussdichte, die eine ganz bestimmte Fläche durchdringt. Der magnetische Fluss gibt die „Menge" an Magnetfeld an, die durch eine Fläche tritt. Dies dient dazu, das magnetische Feld quantitativ zu beschreiben. Die Einheit des magnetischen Flusses ist Weber:

$$[\Phi_m] = Wb \tag{8.4}$$

8.4 Magnetischen Fluss berechnen

Um den magnetischen Fluss zu berechnen, verfügen Sie idealerweise über eine definierte Fläche. Dabei unterscheiden wir zwei Fälle:

Erstens: Schließt die Flächennormale einen Winkel α mit dem Vektor der Flussdichte ein, so wird der magnetische Fluss berechnet mit:

$$\Phi_m = \mathbf{B} \cdot \mathbf{A} = BA\cos(\alpha) \tag{8.5}$$

- Die Flächennormale ist ein Vektor $\mathbf{n}$, der senkrecht zur Oberfläche steht und den Betrag eins besitzt.
- α ist der Winkel, der von der Flächennormalen $\mathbf{n}$ mit dem Vektor der Flussdichte $\mathbf{B}$ eingeschlossen wird.

- Unter einer definierten Fläche verstehen wir zum Beispiel eine quadratische Fläche ($A = a^2$), eine Rechteckfläche ($A = ab$) oder eine Kreisfläche ($A = \pi r^2$).
- Voraussetzung für diese Formeln ist, dass es sich um eine homogene magnetische Flussdichte handelt. Das heißt, die magnetische Flussdichte muss gleichmäßig über die Fläche verteilt sein.

Zweitens: Wenn es sich um eine definierte Fläche A handelt, die senkrecht von einer magnetischen Flussdichte durchdrungen wird, so kann der magnetische Fluss berechnet werden mit:

$$\Phi_m = B A \qquad (8.6)$$

Was ist aber, wenn wir keine homogene Flussdichte oder keine definierte Fläche haben? Dann müssen wir kleine Anteile berechnen und am Schluss alles aufsummieren, was uns zur Integralform des magnetischen Flusses führt:

$$\Phi_m = \int \mathbf{B} \cdot d\mathbf{A} \qquad (8.7)$$

Diese Formel ist die unabhängigste mathematische Beschreibung des magnetischen Flusses.

Beispiel

Eine homogene magnetische Flussdichte ($B = 5\,\mathrm{T}$) durchdringt eine Kreisfläche ($A = 2\,\mathrm{m}^2$) in einem Winkel von $60°$. Wir wollen jetzt den magnetischen Fluss berechnen.
Lösung: Da es sich um eine homogene magnetische Flussdichte und eine definierte Fläche handelt, können wir den magnetischen Fluss berechnen mit:

$$\Phi_m = \mathbf{B} \cdot \mathbf{A} = B A \cos(\alpha) = 5\,\mathrm{T} \cdot 2\,\mathrm{m}^2 \cdot \cos(60°) = 5\,\mathrm{Wb} \qquad (8.8)$$

▶ **Merke** Flussdichte und magnetische Feldstärke sind eng verknüpft. Der Zusammenhang ist im Vakuum gegeben durch:

$$\mathbf{B} = \mu_0 \mathbf{H} \qquad (8.9)$$

- Dieser Zusammenhang gilt neben Vakuum auch näherungsweise in Luft.
- $\mu_0 = 1.25663706212 \cdot 10^{-6}\,\mathrm{N/A}^2$ ist die magnetische Feldkonstante, die oft auch magnetische Konstante, Vakuumpermeabilität oder Induktionskonstante genannt wird. Sie beschreibt das Verhältnis der magnetischen Flussdichte zur magnetischen Feldstärke im Vakuum.

Soweit zur Berechnung magnetischer Felder. Achten Sie bitte vor allem auf folgende zwei Punkte. Hier kommt es oft zu Fehlern, weil Studierende Begriffe durcheinanderbringen:

- Die Flussdichte dürfen Sie bitte nicht verwechseln mit magnetischem Fluss.
- Zur Beschreibung der magnetischen Kraft dient magnetische Flussdichte. Vorsicht also beim Vergleich mit elektrischer Kraft. Diese wird mit elektrischer Feldstärke beschrieben.

8.5 Magnetische Kraft auf Ladungsträger

Als Nächstes untersuchen wir die magnetische Kraft, die auf Ladungsträger im Magnetfeld wirkt. Dazu halten wir noch einmal fest, wie bereits oben erwähnt: Um magnetische Kraft im Magnetfeld zu erfahren, ist es essenziell, dass Ladung Q sich mit Geschwindigkeit v bewegt.

Durch Experimente haben Physiker/-innen nun Folgendes herausgefunden:

- Die Stärke der magnetischen Kraft, also ihr Betrag F_B, hängt vom Produkt aus der Ladung Q, der Geschwindigkeit v und der Magnetfeldstärke B ab.
- Die Magnetkraft wirkt proportional zum Sinus des Winkels zwischen den Vektoren $\mathbf{v}$ und $\mathbf{B}$.
- Bewegt sich der Ladungsträger weder parallel noch senkrecht zu den magnetischen Feldlinien, bewegt er sich in einer Spirale durch das Magnetfeld.
- Bewegt sich der Ladungsträger parallel zu den magnetischen Feldlinien, wirkt keine magnetische Kraft. Er bewegt sich gerade und mit konstanter Geschwindigkeit weiter.
- Bewegt sich der Ladungsträger senkrecht zum Magnetfeld, wird die magnetische Kraft am größten. Die Ladung bewegt sich auf einer Kreisbahn in der Ebene des Magnetfeldes. Dabei steht die magnetische Kraft $\mathbf{F}_B$ stets senkrecht zu $\mathbf{v}$ und $\mathbf{B}$.

Wenn wir all diese Erkenntnisse aus Experimenten zusammenfassen, so erhalten wir eine Formel für die magnetische Kraft.

▶ **Merke** Die **magnetische Kraft** ist gegeben mit:

$$\mathbf{F}_B = Q\mathbf{v} \times \mathbf{B} \qquad (8.10)$$

- Das Kreuz steht für das Kreuzprodukt aus den beiden Vektoren.
- Der Betrag der magnetischen Kraft ergibt sich aus der Definition des Kreuzprodukts zu: $F_B = QvB \sin(\theta)$.
- θ ist der Winkel zwischen den Vektoren $\mathbf{v}$ und $\mathbf{B}$.
- Die magnetische Kraft wird auch als **Lorentz-Kraft** bezeichnet.

8.5.1 UVW-Regel

Wie oben schon erwähnt, steht die magnetische Kraft F_B stets senkrecht zu v und B.

Das heißt: Wenn wir nur die Richtungen des Ladungsträgers und des Magnetfeldes kennen, können wir auch auf die Richtung der magnetischen Kraft schließen. Das klappt mit Hilfe der sogenannten Ursache-Vermittlung-Wirkung(UVW)-Regel – und Ihrer rechten Hand. Dazu spreizen Sie Daumen und Zeigefinger, sodass sie einen rechten Winkel bilden. Ihren Mittelfinger wiederum strecken Sie aus, sodass auch er mit dem Zeigefinger einen rechten Winkel bildet. Abb. 8.3 zeigt, wie es gemeint ist.

Alles klar? Finger richtig sortiert?

1. Dann zeigt der Daumen der rechten Hand in die (technische) Richtung des fließenden Stroms, also von plus nach minus. Er symbolisiert also die Ursache des magnetischen Felds.
2. Der Zeigefinger zeigt in Richtung des Magnetfelds. Er symbolisiert die Vermittlung zwischen fließendem Strom und magnetischer Kraft.
3. Der Mittelfinger zeigt in Richtung der magnetischen Kraft. Er symbolisiert die Wirkung des fließenden Stroms.

Achtung Wir betrachten hier die technische Stromrichtung (und nicht die physikalische). Diese entspricht der Bewegungsrichtung eines Protons, also von plus nach minus. Wenn wir die Bewegungsrichtung eines Elektrons betrachten, so müssen wir die linke Hand nutzen. Mehr dazu lesen Sie in Kap. 7 zu Elektrizität.

Beispiel

Wir schauen uns zunächst die linke Seite von Abb. 8.4 an. Hier sind zwei Richtungen bereits abzulesen: Die elektrische Ladung läuft senkrecht auf das magnetische

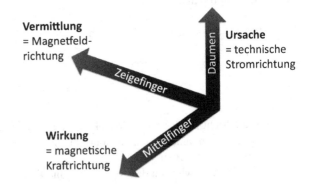

Abb. 8.3 Daumen, Zeigefinger und Mittelfinger der rechten Hand stehen senkrecht aufeinander

Vermittlung = Magnetfeldrichtung

Ursache = technische Stromrichtung

Daumen

Zeigefinger

Wirkung = magnetische Kraftrichtung

Mittelfinger

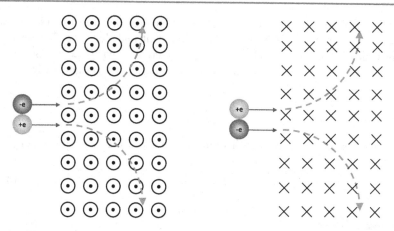

Abb. 8.4 Ein Elektron und ein Proton treffen auf ein Magnetfeld und werden abgelenkt

Feld zu. Das magnetische Feld wiederum führt aus dem Papier hinaus, was wir an den Punkten erkennen, die Pfeilspitzen symbolisieren. Um nun die Richtung der magnetischen Kraft zu ermitteln, positionieren wir die Hand nach der UVW-Regel. Für das Proton verwenden wir dazu die rechte Hand, für das Elektron die linke.

Und nun zur rechten Seite von Abb. 8.4. Hier verläuft die elektrische Ladung erneut senkrecht auf das magnetische Feld zu. Das magnetische Feld wiederum zeigt diesmal ins Papier hinein. Das erkennen Sie an den Kreuzen, die Pfeilenden symbolisieren. Mit Hilfe Ihrer Hände können Sie auch hier die Richtung der magnetischen Kraft ermitteln. Probieren Sie es aus.

8.5.2 Kreisbahn berechnen

Wie oben erwähnt, bewegt sich ein Ladungsträger im Magnetfeld auf einer Kreisbahn, wenn er senkrecht zu den Feldlinien eintritt. Der zurückgelegte Weg nach einem Umlauf, entspricht $U = 2\pi r$.

Da die magnetische Kraft als Zentripetalkraft wirkt, gilt:

$$F_B = F_{ZP} \tag{8.11}$$

$$QvB = m\frac{v^2}{r} \tag{8.12}$$

Wenn wir das Ganze nun nach dem Radius umstellen, so erhalten wir:

$$r = \frac{mv}{QB} \tag{8.13}$$

Und es gibt noch eine weitere Möglichkeit, den Weg des Kreises zu berechnen. Hierzu benötigen wir Angaben zu Geschwindigkeit und Zeit. Die Zeit für einen vollen Umlauf ist T. Mit der Geschwindigkeit v erhalten wir $U = vT$. Setzen wir Gl. 8.13 in $U = 2\pi r$ ein und setzen es mit $U = vT$ gleich, so erhalten wir

$$2\pi \frac{mv}{QB} = vT \tag{8.14}$$

Stellen wir das Ganze nach der Zeit T um, so erhalten wir für die Umlaufzeit:

$$T = \frac{2m\pi}{QB} \tag{8.15}$$

Beispiel

Das Magnetfeld zeigt aus der Papierebene heraus und ein Proton bewegt sich senkrecht auf die Feldlinien zu. Es wirkt also eine magnetische Kraft auf das Proton, es wird auf eine Kreisbahn gelenkt, sobald es auf das Magnetfeld trifft. Wir berechnen jetzt den Radius und die Umlaufzeit, wenn folgende Werte gegeben sind: $v = 20\,\text{m/s}$ und $B = 5\,\text{T}$.

Lösung: Die Masse des Protons und die Elementarladung erhalten wir aus einer Formelsammlung. Damit haben wir alle benötigen Angaben, um den Radius zu berechnen:

$$r = \frac{mv}{QB} = \frac{1{,}67262192369 \cdot 10^{-27}\,\text{kg} \cdot 20\,\text{m/s}}{1602 \cdot 10^{-19}\,\text{C} \cdot 5\,\text{T}} = 4{,}18 \cdot 10^{-8}\,\text{m} \tag{8.16}$$

Bitte beachten Sie, dass wir hier für die Ladung die Elementarladung verwendet haben ($Q = e$). Die Umlaufzeit wird berechnet mit:

$$T = \frac{2m\pi}{QB} = \frac{2 \cdot 1{,}67262192369 \cdot 10^{-27}\,\text{kg} \cdot \pi}{1602 \cdot 10^{-19}\,\text{C} \cdot 5\,\text{T}} = 1{,}31 \cdot 10^{-8}\,\text{s} \tag{8.17}$$

8.6 Magnetische Kraft auf stromdurchflossene Leiter

Bisher haben wir hauptsächlich einzelne Ladungen im Magnetfeld betrachtet. Jetzt wollen wir uns einmal anschauen, wie sich fließende Ladungsträger im elektrischen Leiter, also im elektrischer Strom I verhalten, sobald sie auf ein Magnetfeld treffen. Da sich auch hier die Ladungsträger bewegen, muss eine magnetische Kraft auf sie wirken.

▶ Merke Die **magnetische Kraft auf einen stromdurchflossenen Leiter**
wird berechnet mit:

$$\mathbf{F}_B = l\mathbf{I} \cdot \mathbf{B} \qquad (8.18)$$

- Hierbei ist l die Länge, mit der sich der elektrische Leiter im Magnetfeld befindet.
- Der elektrische Leiter kann also länger als l, sein. Nur der im Magnetfeld befindliche Teil trägt zur magnetischen Kraft bei.
- α ist der Winkel zwischen dem elektrischen Leiter und den Magnetfeldlinien.
- Für den Betrag der magnetischen Kraft gilt: $F_B = l\,I\,B\,\sin(\alpha)$.

Achtung Professor/innen verwenden manchmal auch die Formel $\mathbf{F}_B = I\mathbf{l} \cdot \mathbf{B}$
statt $\mathbf{F}_B = l\mathbf{I} \cdot \mathbf{B}$. Hierbei ist die Weglänge als Vektor und der Strom als Konstante angegeben. Mathematisch ist das kein Problem und auch physikalisch
legitim, da der Strom nur entlang der Weglänge l fließen kann und damit beide
die gleiche Richtung besitzen. Die Formel $F_B = l\,I\,B\,\sin(\alpha)$ gilt hingegen für
beide Fälle.

Beispiel

Ein $0{,}8$ m langer elektrischer Leiter befindet sich zur Hälfte in einem Magnetfeld
mit der Flussdichte $B = 0{,}5$ T. Die Magnetfeldlinien und der Leiter schließen
einen Winkel von $80°$ ein. Wir wollen jetzt die magnetische Kraft berechnen, die
auf den Leiter wirkt, wenn Strom von 2 A fließt.
Lösung: Die Länge l ist $0{,}4$ m. Damit ergibt sich für die magnetische Kraft:

$$F_B = l\,I\,B\,\sin(\alpha) = 0{,}5\,\text{T} \cdot 2\,\text{A} \cdot 0{,}4\,\text{m} \cdot \sin(80°) = 0{,}4\,\text{N} \qquad (8.19)$$

8.7 Elektromagnetische Induktion

Bisher haben wir festgestellt, dass bewegte Ladungsträger bzw. elektrischer Strom
in einem Magnetfeld eine Kraft erfahren. Wir können den Spieß aber auch umdrehen
und eine Kraft aufwenden, um elektrischen Strom zu erzeugen.

Bewegen wir einen elektrischen Leiter in ein Magnetfeld, so erfahren die Elektronen magnetische Kraft (Abb. 8.5). Diese bewirkt, dass sich die Elektronen an einem
Ende des Leiters sammeln. Sie erzeugen ein elektrisches Feld, denn die positiven
Ladungsträger bleiben am anderen Ende. Es stellt sich ein Gleichgewicht zwischen
magnetischer und elektrischer Kraft ein. Es gilt also

Abb. 8.5 Ein elektrischer
Leiter wird durch ein
Magnetfeld gezogen und
erzeugt Spannung durch
Ladungsträgertrennung

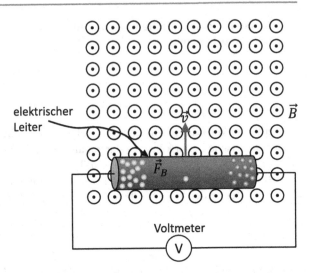

$$F_B = F_C \tag{8.20}$$

$$QvB = QE \tag{8.21}$$

$$vB = E \tag{8.22}$$

und mit der Definition der Spannung erhalten wir die erzeugte Spannung:

$$U = \int_0^l E\,\mathrm{d}r = El = vBl \tag{8.23}$$

Achtung Die Gl. 8.20 hat schon so manche Buchautoren dazu gebracht, die Induktion mit der Formel

$$E = \frac{F_B}{Q} \tag{8.24}$$

einzuleiten. Dabei wissen wir doch, dass das elektrische Feld definiert ist als die Coulombkraft, die auf eine Ladung wirkt. Es kann leicht verwirrend, wenn also plötzlich die magnetische Kraft anstatt Coulomkraft verwendet werden. Doch der Austausch ist erklärbar: Coulombkraft und magnetische Kraft können hier gleichgesetzt werden. Dies ist eine Randbedingung, die nicht immer gültig ist. Also, auch wenn die Gl. 8.24 für den Sonderfall das $F_B = F_C$ (Gl. 8.20) gleichwertig ist, bleibt das elektrische Feld grundsätzlich natürlich definiert als:

$$E = \frac{F_C}{Q} \tag{8.25}$$

Zurück zur eben hergeleiteten Spannung. Eigentlich müsste diese einen elektrischen Strom hervorrufen. Dieser wiederum würde zum ursprünglichen Strom addiert. Das allerdings würde die erzeugte Spannung erhöhen und damit wieder den Strom und so weiter. So hätten wir ein echtes Perpetuum mobile geschaffen. Das ist allerdings unmöglich, das zeigt schon der Energieerhaltungssatz. Deshalb verpassen wir der induzierten Spannung ein Minuszeichen. Physiker/-innen sprechen von der Lentzsche Regel.

▶ **Merke** Die **Lentzsche Regel** besagt, dass bei Induktionsvorgängen die Wirkung der Ursache entgegenwirkt.

- Unter Induktion verstehen wir also die Erzeugung einer (induzierten) Spannung.
- Diese induzierte Spannung entspricht hier also der Wirkung.
- Die Ursache ist die Ladungstrennung durch die magnetische Kraft.

Wenn wir jetzt die Formel für die erzeugte Spannung und die Lentzsche Regel kombinieren, so erhalten wir eine Formel für die induzierte Spannung.

▶ **Merke** Die **induzierte Spannung** eines im Magnetfeld bewegten Leiters ist:

$$U_{ind} = -vBl \qquad (8.26)$$

- Das Minuszeichen kommt durch die Lentzsche Regel zustande.
- Die Geschwindigkeit v entspricht der Bewegung des Leiters.
- Die Länge l bezieht sich auf die Länge des Leiters. Wenn der Leiter länger ist als das Magnetfeld, so gilt nur die Länge, die mit dem Magnetfeld interagiert.
- Diese Formel gilt nur, wenn der Leiter senkrecht durch das Magnetfeld gezogen wird.

Beispiel

Ein elektrischer Leiter wird mit der Geschwindigkeit $v = 15$ m/s senkrecht durch ein Magnetfeld mit der magnetischen Flussdichte von 2 T bewegt. Der Leiter ist 1 m lang, aber das Magnetfeld erstreckt sich nur über 0,5 m. Wir wollen die induzierte Spannung berechnen.
Lösung: Wir haben alle notwendigen Größen vorgegeben, müssen aber darauf achten, dass wir die 0,5 m verwenden, da der Leiterabschnitt außerhalb des Magnetfeldes nichts zur induzierten Spannung beiträgt. Die induzierte Spannung ergibt sich dann zu:

$$U_{ind} = -vBl = -15\,\frac{m}{s} \cdot 2\,T \cdot 0,5\,m = -15\,V \qquad (8.27)$$

Jetzt schauen wir uns weitere Möglichkeiten zur Erzeugung einer (induzierten) Spannung an. Dazu verallgemeinern wir den Begriff der Induktion weiter. Denn um Spannung zu induzieren, muss nicht zwingend ein elektrischer Leiter durch ein Magnetfeld gezogen werden. Tatsächlich reicht es auch, den magnetischen Fluss zu ändern, ohne, dass sich der Leiter bewegt.

▶ **Merke** Unter **Induktion** verstehen wir die Erzeugung einer Spannung durch Änderung des magnetischen Flusses. Die induzierte Spannung ist allgemein gegeben durch:

$$U_{ind} = -N\frac{d\Phi_m}{dt} = -N\dot{\Phi}_m \qquad (8.28)$$

- Die Spannung wird in einem Leiter oder einer Leiterschleife erzeugt.
- N repräsentiert die Anzahl der Windungen einer Leiterschleife.
- Bei einem geraden Leiter ist $N = 1$.

Wir können zwischen zwei Möglichkeiten unterscheiden, um eine Änderung des magnetischen Flusses zu erreichen. Dazu schauen wir uns zunächst noch einmal die Definition des magnetischen Flusses an: $\Phi_m = \mathbf{B} \cdot \mathbf{A}$. Damit wird klar, dass wir entweder die magnetische Flussdichte $\mathbf{B}$ oder die Fläche $\mathbf{A}$ ändern können, um eine Änderung des magnetischen Flusses zu erreichen.

▶ **Merke** Die **Bewegungsinduktion** liegt vor, wenn eine Spannung durch eine Änderung der Fläche erzeugt wird:

$$U_{ind} = -N\frac{d\mathbf{A}}{dt} \cdot \mathbf{B} \qquad (8.29)$$

- Hier führt eine kleine Änderung der Fläche $d\mathbf{A}$ zu einer kleinen Änderung des magnetischen Flusses $d\Phi_m$, denn es gilt $d\Phi_m = \mathbf{B} \cdot d\mathbf{A}$.
- Die Funktionsweise von elektrischen Generatoren beruht auf Bewegungsinduktion.

Die Bewegungsinduktion ist von großer technischer Relevanz. Dies wird uns klar, wenn wir uns das Skalarprodukt anschauen. Wir können die Formel 8.29 umschreiben zu:

$$U_{ind} = -N\frac{d\mathbf{A}}{dt} \cdot \mathbf{B} = -N\frac{dA}{dt}B\cos(\alpha) \qquad (8.30)$$

Allerdings wollen wir von einer gleich groß bleibenden Fläche A ausgehen. Was sich ändert, ist der Winkel zwischen der realen Fläche A und dem Magnetfeld. Deshalb können wir schreiben:

$$U_{ind} = -N \frac{d \cos(\alpha)}{dt} B A \qquad (8.31)$$

Bei einer konstanten Winkelgeschwindigkeit $\omega = \alpha/t$ gilt damit:

$$U_{ind} = -N \frac{d \cos(\omega t)}{dt} B A = N \omega \sin(\omega t) B A \qquad (8.32)$$

Mit einer Rotation der Fläche können wir also eine Spannung erzeugen. Anschaulich ist dies in Abb. 8.6 gezeigt. In dem Bild ist eine Leiterschleife zu sehen, die um ihre Achse gedreht wird. Dabei ist die Fläche innerhalb der Leiterschleife entscheidend – und nicht die Fläche, die vom Magnetfeld gebildet wird. In der Praxis wird nicht nur eine Leiterschleife, sondern eine Spule mit N Windungen gedreht, was nach Gl. 8.32 eine N-fache Spannung erzeugt.

Neben der zeitlichen Änderung der Fläche, können wir aber auch das Magnetfeld ändern. Damit wird ebenfalls der magnetische Fluss geändert und somit eine Spannung erzeugt.

▶ Merke Die **transformatorische Induktion** liegt vor, wenn eine Spannung durch eine Änderung der magnetischen Flussdichte erzeugt wird:

$$U_{ind} = -N \frac{d\mathbf{B}}{dt} \cdot \mathbf{A} \qquad (8.33)$$

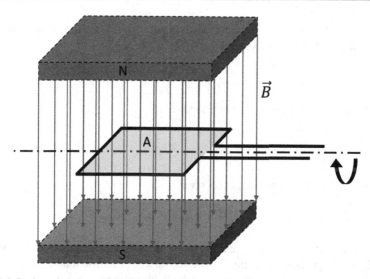

Abb. 8.6 Rotierende Leiterschleife im Magnetfeld

- Hier führt eine kleine Änderung der magnetischen Flussdichte d**B** zu einer kleinen Änderung des magnetischen Flusses $d\Phi_m$, denn es gilt $d\Phi_m = \mathbf{A} \cdot d\mathbf{B}$.
- Die Funktionsweise von elektrischen Transformatoren beruht auf diesem Prinzip.

Auch ein elektrischer Strom erzeugt eine Spannung. Fließt ein Strom in einer Leiterschleife, so erzeugt er einen magnetischen Fluss durch diese Leiterschleife selbst. Zwischen dem magnetischen Fluss und dem Strom besteht ein linearer Zusammenhang:

$$\Phi_m = LI \tag{8.34}$$

Die Proportionalitätskonstante L wird als **Induktivität** bezeichnet. Sie ist abhängig von der Leitergeometrie und dem Material. Die Einheit der Induktivität heißt Henry:

$$[L] = H \tag{8.35}$$

▶ **Merke** Aufgrund der **Induktivität** führt jede Änderung des elektrischen Stroms zu einer induzierten Spannung:

$$U_{ind} = -L\frac{dI}{dt} \tag{8.36}$$

8.8   Kurz und knapp: Das gehört auf den Spickzettel

- Flussdichte und magnetische Feldstärke sind eng verknüpft. Der Zusammenhang ist im Vakuum gegeben durch:

$$\mathbf{B} = \mu_0 \mathbf{H}$$

- Der magnetische Fluss wird berechnet mit:

$$\Phi_m = \int \mathbf{B} \cdot d\mathbf{A}$$

- Die magnetische Kraft ist gegeben mit:

$$\mathbf{F}_B = Q\mathbf{v} \times \mathbf{B}$$

- Rechte-Hand-Regel: Machen Sie einen „Daumen hoch" mit der rechten Hand. Zeigt dieser Daumen in die technische Stromrichtung, zeigen die gekrümmten Finger in die magnetische Feldrichtung.

- UVW-Regel: Zeigt der rechte Daumen in die technische Stromrichtung (Ursache) und der Zeigefinger entlang der Magnetfeldrichtung (Vermittlung), so zeigt der Mittelfinger die Richtung der magnetischen Kraft (Wirkung) an.
- Trifft ein bewegter Ladungsträger senkrecht auf ein Magnetfeld, so wird er sich in einer Kreisbahn fortbewegen. Der Kreisradius ist:

$$r = \frac{mv}{QB}$$

- Die Umlaufzeit für die Kreisbewegung ist:

$$T = \frac{2m\pi}{QB}$$

- Die magnetische Kraft auf einen stromdurchflossenen Leiter wird berechnet mit:

$$\mathbf{F}_B = l\mathbf{I} \cdot \mathbf{B}$$

- Die Lentzsche Regel besagt, dass bei Induktionsvorgängen die Wirkung der Ursache entgegenwirkt.
- Die induzierte Spannung eines im Magnetfeld bewegten Leiters ist

$$U_{ind} = -vBl$$

- Unter Induktion verstehen wir die Erzeugung einer Spannung durch Änderung des magnetischen Flusses. Die induzierte Spannung ist allgemein gegeben durch:

$$U_{ind} = -N\frac{d\Phi_m}{dt} = -N\dot{\Phi}_m$$

- Die Bewegungsinduktion liegt vor, wenn eine Spannung durch eine Änderung der Fläche erzeugt wird:

$$U_{ind} = -N\frac{d\mathbf{A}}{dt} \cdot \mathbf{B}$$

- Die transformatorische Induktion liegt vor, wenn eine Spannung durch eine Änderung der magnetischen Flussdichte erzeugt wird:

$$U_{ind} = -N\frac{d\mathbf{B}}{dt} \cdot \mathbf{A}$$

- Aufgrund der Induktivität führt jede Änderung des elektrischen Stroms zu einer induzierten Spannung:

$$U_{ind} = -L\frac{dI}{dt}$$

8.9 Gut vorbereitet? Testen Sie sich selbst!

Diese Aufgaben könnten Sie in der schriftlichen Prüfung erwarten.

1. Welche Kraft wirkt auf ein Elektron mit der Elementarladung $1.602 \cdot 10^{-19}$ C und der Geschwindigkeit $2 \cdot 10^5$ m/s, wenn es in ein senkrecht zur Bewegungsrichtung orientiertes Magnetfeld der Größe $B = 3$ T einfliegt?
2. Ein Elektron $1602 \cdot 10^{-19}$ C mit der Geschwindigkeit $2 \cdot 10^9$ m/s trifft senkrecht auf ein Magnetfeld $B = 1$ T. Das Elektron bewegt sich auf einer Kreisbahn weiter. Wie groß ist der Radius?
3. Ein elektrischer Leiter mit der Länge $0,1$ m wird mit der Geschwindigkeit $v = 2$ m/s senkrecht durch ein Magnetfeld mit der magnetischen Flussdichte von 1 T bewegt. Wie groß ist die induzierte Spannung?
4. Berechnen Sie die induzierte Spannung in einem elektrischen Leiter mit einer Induktivität von $L = 2$ H, wenn sich die Stromstärke innerhalb von einer Sekunde von 0 A auf 10 A erhöht.
5. Eine Leiterschleife mit $N = 10$ Windungen schließt eine Fläche von $A = 2\,\mathrm{m}^2$ ein. Welche Spannung wird nach 10 s induziert, wenn die Spule in einem Magnetfeld (1 T) mit der Winkelgeschwindigkeit $\omega = 20\,\mathrm{s}^{-1}$ rotiert?

Diese Fragen könnten Sie in der mündlichen Prüfung erwarten:

1. Welche Ursachen für Magnetfelder kennen Sie?
2. Nennen Sie die Rechte-Hand-Regel und die UKW-Regel.
3. Wie ist die technische Stromrichtung definiert?
4. Was besagt die Lentzsche Regel?
5. Von welchen Größen ist die magnetische Kraft auf einen stromdurchflossenen Leiter abhängig?
6. Was bezeichnet man als Induktivität?
7. Was ist eine Induktionsspannung?
8. Was verstehen Sie unter einer Bewegungsinduktion?
9. Was verstehen Sie unter einer transformatorischen Induktion?

Schwingungen und Wellen

9

9.1 Was sind Schwingungen?

Immer wieder hoch und runter bzw. hin und her – nach diesem Prinzip funktionieren Schwingungen und Wellen gleichermaßen. Dabei handelt es sich jedoch um zwei unterschiedliche Phänomene. Deshalb schauen wir uns beide Begriffe getrennt voneinander an.

Wir starten mit der Definition von Schwingungen.

▶ Merke Eine **Schwingung** ist die zeitliche oder räumliche periodische Änderung einer physikalischen Größe.

- Zeitlich periodisch bedeutet, dass sich ein Vorgang immer wieder im selben Rhythmus wiederholt, z. B. bei einer schwingenden Schaukel.
- Räumlich periodisch bedeutet, dass sich ein Muster bzw. eine Anordnung immer wiederholt, wie z. B. bei einem Schachbrett.

Zuerst schauen wir uns die entsprechenden Formeln dazu an. Anschließend beschäftigen wir uns mit den Ursachen von Schwingungen. Dabei beschränken wir uns der Einfachheit halber auf sogenannte harmonische Schwingungen.

9.1.1 Harmonische Schwingungen

Harmonische Schwingungen definieren zunächst einmal homogene oder einfach gleichmäßige periodische Vorgänge. Konkret meinen Physiker/-innen hiermit aber

© Springer-Verlag GmbH Deutschland, ein Teil von Springer Nature 2021
P. Steglich und K. Heise, *Vorkurs Physik fürs MINT-Studium*,
https://doi.org/10.1007/978-3-662-62126-4_9

Bewegungen, die sich durch eine Sinus- oder Kosinusfunktion beschreiben lassen. Wir bevorzugen an dieser Stelle den Kosinus. Der Grund dafür: Die meisten Schwingungsvorgänge starten bei maximaler Auslenkung – und auch der Kosinus beginnt mit einem Maximalwert.

▶   Merke Eine **harmonische Schwingung** wird also wie folgt beschrieben:

$$u = \hat{u} \cos(\omega t + \phi) \qquad (9.1)$$

- Hierbei steht $\hat{u}$ für die maximale Auslenkung, auch als maximale Elongation, Änderung oder Amplitude bezeichnet.
- Alternativ zum „Dach" über dem x wird oft auch ein Großbuchstabe, etwa A wie Amplitude oder ein Index (z. B. u_{max} oder u_m), verwendet.
- ω ist die Kreisfrequenz. Als physikalische Größe misst sie, wie schnell eine Schwingung abläuft. Mehr dazu lesen Sie weiter unten.
- ϕ steht für die Anfangsphase.
- Die Einheit der Schwingungsfunktion richtet sich nach der physikalischen Größe, die sie beschreibt. Dabei können Sie sich an der Einheit der Amplitude orientieren. Im Fall von $x(t) = \hat{x} \cos(\omega t + \phi)$ wäre die Einheit Meter, im Fall von $E(t) = \hat{E} \cos(\omega t + \phi)$ wäre sie Volt pro Meter.
- Die Amplitude gibt die Einheit vor, da der Kosinus keine Einheit besitzt.

Schwingungen können u. a. mit folgenden Größen charakterisiert werden:

- Kreisfrequenz,
- Phase,
- Geschwindigkeit, Beschleunigung,
- und Amplitude.

Wie Sie dabei vorgehen, schauen wir uns an einem klassischen Beispiel an: dem Federpendel. Dabei handelt es sich um eine Feder, an die wir ein Gewicht hängen – und loslassen. Das Gewicht an der Feder schwingt jetzt auf und ab. Physiker/-innen würden sagen: Dieser Oszillator wird immer wieder ausgelenkt und springt zurück in die Ausgangsform.

Achtung Oft wird die harmonische Schwingung auch mit der Funktion $x(t) = \hat{x} \cos(\omega t + \phi)$ eingeführt und auch als Weg-Zeit-Funktion bezeichnet. Das ist nicht falsch – aber auch nicht vollständig. Denn eine Schwingung muss nicht zwingend eine periodische Änderung des Weges sein. Wir bevorzugen daher für $u = \hat{u} \cos(\omega t + \phi)$. Hierbei wird klar, dass es sich auch um eine andere physikalische Größe handeln kann. So kann das u z. B. auch für das elektrische Feld E stehen. Dann würden wir die Formel wiederum so schreiben: $E(t) = \hat{E} \cos(\omega t + \phi)$.

Dies verdeutlicht den Unterschied zwischen Schule und Studium: In der Schule wird viel an konkreten Sachverhalten, wie z. B. der Schwingung einer Feder erklärt und entsprechend $x(t)$ verwendet. Im Studium müssen Sie sich darauf einstellen, dass jedes Thema so allgemein wie möglich beschrieben wird. Deshalb bevorzugt man u stellvertretend für alle Schwingungen. Das kann neben der Feder also genauso eine Wechselspannung oder ein elektrisches Feld sein.

9.1.2 Kreisfrequenz

Und nun noch einmal zur Kreisfrequenz ω. Um sie zu berechnen, müssen Sie die Frequenz f der **Periodendauer** T kennen. Die Periodendauer ist die Zeit einer vollständigen Schwingung, von der tiefsten Position der Kosinuskurve bis zu ihrem höchsten Punkt. Die Kreisfrequenz wird berechnet mit:

$$\omega = 2\pi f = \frac{2\pi}{T} \tag{9.2}$$

Zum besseren Verständnis wollen wir die Kreisfrequenz einmal herleiten: Machen wir uns dazu klar, dass die Schwingung nach einer vollen Periodendauer (T) wieder den gleichen Wert besitzt. Es gilt also $u(t) = u(t + T)$. Wenn wir der Einfachheit halber hier davon ausgehen, dass die Anfangsphase gleich null ist, so können wir schreiben:

$$\hat{u} \cos(\omega t) = \hat{u} \cos(\omega(t + T)) \tag{9.3}$$

Entscheidend ist also nur der Term im Kosinus:

$$\omega t = \omega(t + T) \tag{9.4}$$

Jetzt stellen wir noch um und erhalten die bereits bekannte Formel für die Kreisfrequenz:

$$\omega = \frac{2\pi}{T} \tag{9.5}$$

9.1.3 Phase

Ebenfalls wichtig, um die Schwingungsfunktion zu berechnen, ist die sogenannte Phase. Sie bezeichnet den kompletten Ausdruck im Kosinus. Die Mathematik nennt einen solchen Fall Argument. Die Phase einer harmonischen Schwingung ist deshalb gegeben durch das Argument des Kosinus:

$$\Phi = \omega t + \phi \tag{9.6}$$

Achtung Oft wird auch ϕ als Phase bezeichnet. Das ist aber nur korrekt, wenn $t = 0$ ist. Verwechseln Sie außerdem bitte nicht die Phase Φ mit der Anfangsphase ϕ. Hier ist präzise Sprache essenziell. Ein Grund mehr, warum Sie dieses Basiswissen bereits zu Studienbeginn aus dem Effeff können sollten.

Beispiel

Eine Schwingung besitzt die Frequenz 50 Hz und eine maximale Auslenkung in x-Richtung von 2 m. Zum Zeitpunkt $t = 0$ besitzt sie eine Phase von $\pi/4$. Mit diesen Informationen können wir nun die Schwingungsfunktion aufstellen.
Lösung: Zunächst berechnen wir die Kreisfrequenz:

$$\omega = 2\pi f = 2\pi \cdot 50\,\text{Hz} = 314,16\,\text{Hz} \tag{9.7}$$

Die Amplitude kennen wir. Da es sich um eine Auslenkung in x-Richtung handelt, können wir statt u die Variabel x verwenden. Die Schwingungsfunktion ist dann:

$$x = \hat{x}\cos(\omega t + \phi) = 2\,\text{m}\cos\left(314,16\,\text{Hz} \cdot t + \frac{\pi}{4}\right) \tag{9.8}$$

Jetzt können wir den x-Wert für jeden beliebigen Zeitpunkt berechnen. Z. B. beträgt die Auslenkung in x-Richtung nach 5 s:

$$x = 2\,\text{m}\cos\left(314,16\,\text{Hz} \cdot 5\,\text{s} + \frac{\pi}{4}\right) = 1,41\,\text{m} \tag{9.9}$$

Bitte erinnern Sie sich, dass wir bereits festgehalten haben, dass die Amplitude über die endgültige Einheit entscheidet, während die Phase und damit der Kosinus einheitslos ist. Ein weiteres Beispiel soll dies verdeutlichen.

Beispiel

Wir verwenden die gleiche Schwingung wie im vorigen Beispiel, also mit $f = 50\,\text{Hz}$ und $\phi = \pi/4$. Die Amplitude ist allerdings diesmal eine Spannung. Sie ist gegeben mit $\hat{U} = 2\,\text{V}$. Wir stellen also wieder die Schwingungsfunktion auf.
Lösung: Da es sich um eine periodische Änderung der Spannung handelt, können wir statt u die Variable U verwenden. Die Schwingungsfunktion ist dann:

$$U = \hat{U}\cos(\omega t + \phi) = 2\,\text{V}\cos\left(314,16\,\text{Hz} \cdot t + \frac{\pi}{4}\right) \tag{9.10}$$

Jetzt können wir den Spannungswert für jeden beliebigen Zeitpunkt berechnen. Zum Beispiel beträgt die Spannung nach 5 s:

$$U = 2\,\text{V}\cos\left(314,16\,\text{Hz}\cdot 5\,\text{s} + \frac{\pi}{4}\right) = 1,41\,\text{V} \tag{9.11}$$

Wir haben zwar exakt die gleichen Werte herausbekommen, doch ist die physikalische Größe eine völlig andere.

Hier wird klar: Wir können jeden Vorgang, der sich periodisch wiederholt, mit einer Schwingungsfunktion beschreiben.

9.1.4 Geschwindigkeit und Beschleunigung einer Schwingung

Die Geschwindigkeit haben wir in Kap. 2 als die zeitliche Ableitung des Weges definiert. Das ergänzen wir jetzt um das Wissen, dass es nicht zwangsläufig ein Weg sein muss. Vielmehr kann es sich auch um die zeitliche Änderung einer Spannung oder einer anderen physikalischen Größe handeln. Präziser ist also folgende Definition: Geschwindigkeit entspricht der zeitlichen Änderung einer physikalischen Größe oder, mathematisch ausgedrückt, der zeitlichen Ableitung einer physikalischen Größe.

▶ Merke Die **Geschwindigkeit** einer harmonischen Schwingung ist:

$$v = \frac{du}{dt} = \dot{u} = -\omega\hat{u}\sin(\omega t + \phi) \tag{9.12}$$

- Das Minuszeichen und das zusätzliche ω ergeben sich durch die Ableitungsregeln des Kosinus.
- Sobald die Amplitude definiert wird als $\hat{v} = \omega\hat{u}$, kann die Geschwindigkeit beschrieben werden mit: $v = -\hat{v}\sin(\omega t + \phi)$.

Nach gleichem Prinzip definieren wir die Beschleunigung einer Schwingung. Auch hier sprechen wir von der zeitlichen Ableitung – diesmal handelt es sich um die Ableitung der Geschwindigkeit.

▶ Merke Die **Beschleunigung** einer harmonischen Schwingung ist:

$$a = \frac{dv}{dt} = \ddot{u} = -\omega^2\hat{u}\cos(\omega t + \phi) \tag{9.13}$$

- Das ω^2 ist hier ebenfalls ein Resultat der Ableitungsregel.
- Auch diesmal kann eine neue Amplitude definiert werden: $\hat{a} = \omega^2 \hat{u}$. Dann kann die Geschwindigkeit beschrieben werden mit: $a = -\hat{a}\cos(\omega t + \phi)$.

Achtung Zur Berechnung der Geschwindigkeit hier noch ein Hinweis: Wie bereits erwähnt, können Sie anstatt der Kosinus- auch eine Sinusfunktion zur Beschreibung der harmonischen Schwingung verwenden. Dann würde sich aber auch die Geschwindigkeitsfunktion zu $v = \hat{v}\cos(\omega t + \phi)$ und die Beschleunigung zu $a = -\hat{a}\sin(\omega t + \phi)$ ändern. Ohnehin kann prinzipiell jede Kosinus- in eine Sinusfunktion umgeschrieben werden, und zwar mit Hilfe einer Phasenverschiebung von $\pi/2$. Es gilt also z. B. $u = \hat{u}\cos(\omega t + \phi) = \hat{u}\sin(\omega t + \phi + \pi/2)$.

Abb. 9.1 zeigt die Schwingungsfunktion und deren Geschwindigkeits- und Beschleunigungsfunktion. Wie in Abb. 9.1 zu sehen, ist die Elongation der Momentanwert der Schwingungsfunktion.

Übrigens: Ein Markenzeichen der harmonischen Schwingung ist, dass wir mit Hilfe ihrer Funktion $u = \hat{u}\cos(\omega t + \phi)$ und der Kreisfrequenz ω einfach die Geschwindigkeit

$$v = -\omega u \tag{9.14}$$

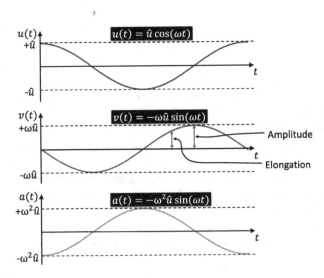

Abb. 9.1 Die Schwingungsfunktion $u(t)$, die Geschwindigkeitsfunktion $v(t)$ und die Beschleunigungsfunktion $a(t)$

und die Beschleunigung

$$a = -\omega^2 u \tag{9.15}$$

berechnen können.

9.1.5 Ursachen für Schwingungen

Physiker/-innen unterscheiden zwei Ursachen von Schwingungen. Erstens die sogenannte rücktreibende Kraft und zweitens die Trägheit des schwingenden Körpers. Wir schauen uns zunächst die **rücktreibende Kraft** an. Dazu betrachten wir wieder das Federpendel. Zuerst wirkt hier eine äußere Kraft, um die Feder auszulenken. Natürlich wirkt hier auch die Gewichtskraft, die an dieser Stelle jedoch zunächst vernachlässigt werden soll.

Wir legen die Auslenkung in x-Richtung fest. Dadurch wird die Schwingungsfunktion zur Weg-Zeit-Funktion. Entsprechend wird sie beschrieben mit:

$$x(t) = \hat{x} \cos(\omega t + \phi) \tag{9.16}$$

Abb. 9.2 zeigt auch noch einmal, warum wir die Kosinusfunktion anstatt der Sinusfunktion verwenden. Anfangs, also zum Zeitpunkt $t = 0$, wird die Feder maximal ausgelenkt, bevor sie schwingt. Das passt zur Kosinusfunktion, denn auch sie beginnt bei der maximalen Auslenkung zum Zeitpunkt $t = 0$. Beim Sinus ist das nicht der Fall.

Nachdem also die Feder ausgelenkt wurde, wirkt eine weitere Kraft, um die Feder wieder zurück in ihre **Ruhelage** zu bringen. Dabei handelt es sich um die oben erwähnte rücktreibende Kraft, auch **Rückstellkraft** genannt. Im Fall des Federpendels ist die Rückstellkraft identisch mit der Verformungs- oder Federkraft

Die **Ruhelage** ist die Position, in die die Feder ohne äußeren Einfluss stets wieder zurückkehrt. Aber Achtung: Der Name „Ruhelage" ist etwas irreführend, da ein Oszillator sich in der Ruhelage gerade nicht "ausruht". Im Gegenteil, er besitzt hier ja sogar seine maximale Geschwindigkeit. Die Punkte, an denen der Oszillator seine Richtung wieder ändert, werden als **Umkehrpunkte** bezeichnet. An dieser Stelle „ruht" der Oszillator wirklich, seine Geschwindigkeit ist für einen kurzen Augenblick null.

Warum das so ist, können Sie mit Hilfe des Wissens aus Kap. 4 verstehen: Sobald das Gewicht die Feder erstmals verformt, wird potenzielle Energie in kinetische Energie umgewandelt. Springt sie wieder zurück, wird die kinetische Energie wieder in potenzielle Energie umgewandelt. Diese potenzielle Energie ist bei der maximalen Auslenkung bzw. Amplitude am größten, die kinetische Energie ist an diesem Punkt null. In der Ruhelage wiederum besitzt die Feder keine potenzielle, dafür aber maximale kinetische Energie.

Auch die entsprechenden Formeln kennen Sie bereits: Die potenzielle Energie einer Feder wird berechnet mit $E_{pot} = 0{,}5kx^2$, die kinetische Energie mit $E_{kin} = 0{,}5mv_x^2$.

Die Rückstellkraft sorgt also dafür, dass der Oszillator anfängt zu schwingen, sobald er ausgelenkt ist. Warum verbleibt er dann aber nicht in der Ruhelage, sobald er wieder bei ihr ankommt? Dies führt uns zur zweiten Ursache für eine Schwingung: die Trägheit. Prinzipiell ist jeder Körper träge und versucht, seinen Bewegungszustand beizubehalten. Diese Trägheit sorgt dafür, dass die Masse des Federschwingers nicht in der Ruhelage stehen bleibt, sondern die Bewegung fortsetzt.

9.1.6 Die Bewegungsgleichung einer Schwingung

Um nun die potenzielle Energie einer harmonischen Schwingung zu errechnen, behelfen Sie sich mit der Weg-Zeit- und der Geschwindigkeits-Zeit-Funktion des Federpendels. Sie sind gegeben mit $x = \hat{x}\cos(\omega t + \phi)$ und $v = -\omega\hat{x}\sin(\omega t + \phi)$. Wenn wir x nun entsprechend einsetzen, so erhalten wir die potenzielle Energie einer harmonischen Schwingung. In Abb. 9.2 ist eine Federschwingung im zeitlichen Verlauf zu sehen.

Jetzt ziehen wir das zweite Newtonsche Axiom zu Hilfe. Es ermöglicht uns, zwei Kräfte miteinander in Verbindung zu bringen. Wenn wir Gl. 9.15 darin einsetzen, so erhalten wir:

$$F = ma = -m\omega^2 x \qquad (9.17)$$

Da es sich um Verformungskraft handelt, schreiben wir die Formel 9.17 folgendermaßen um:

$$F = -kx \qquad (9.18)$$

Hierbei gilt

$$k = m\omega^2 \qquad (9.19)$$

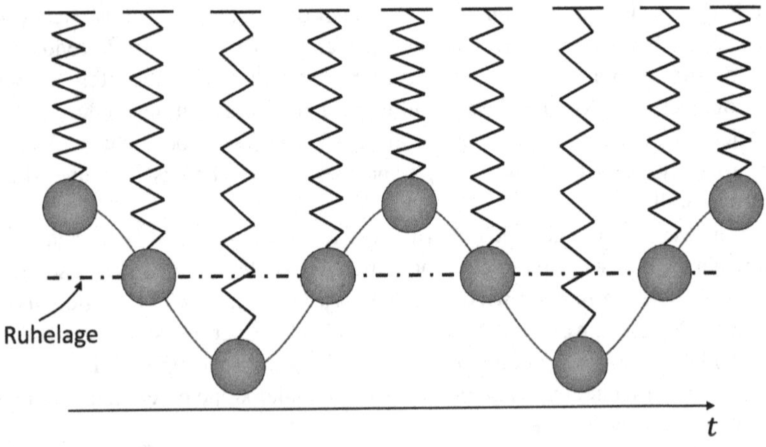

Abb. 9.2 Zeitlicher Verlauf einer Federschwingung

Die Verformungskraft folgt dem sogenannten linearen Kraftgesetz. Deshalb spricht man auch vom **linearen harmonischen Oszillator,** kurz linearer Oszillator. Das „linear" bezieht sich dabei auf die Kraft, die linear x und nicht etwa quadratisch vom Weg abhängt.

Mit der Federkonstanten, die Sie schon kennen, können wir nun Gl. 9.17 umschreiben und erhalten:

$$m\frac{\mathrm{d}^2 x}{\mathrm{d}t^2} + kx = 0 \qquad (9.20)$$

Gl. 9.20 ist eine Bewegungsgleichung, die uns die Weg-Zeit-Funktion des harmonischen Oszillators liefert. Die Weg-Zeit-Funktion kennen wir ebenfalls bereits. Wir nutzen sie an dieser Stelle, um zu prüfen, ob Gl. 9.16 tatsächlich die Weg-Zeit-Funktion des harmonischen Oszillators ist. Entsprechend müsste die Funktion 9.16 eine Lösung der Gl. 9.20 sein.

Entsprechend erhalten wir:

$$m\frac{\mathrm{d}^2}{\mathrm{d}t^2}(\hat{x}\cos(\omega t + \phi)) + k(\hat{x}\cos(\omega t + \phi)) = 0 \qquad (9.21)$$

Leiten wir die Funktion nun zweimal ab, so erhalten wir auf der linken Seite als Ergebnis null. Damit entspricht Gl. 9.16 tatsächlich unserer Bewegungsgleichung für den harmonischen Oszillator.

Für die Beschreibung eines linearen Oszillators wird die Kreisfrequenz verwendet, die wir berechnen mit:

$$\omega = \sqrt{\frac{k}{m}} \qquad (9.22)$$

Mit der Definition der Kreisfrequenz ($\omega = 2\pi/T$) können wir auch die Periodendauer des linearen Oszillators bestimmen:

$$T = 2\pi\sqrt{\frac{m}{k}} \qquad (9.23)$$

Beispiel

Am Ende einer Feder ($k = 0,5$ N/cm) ist eine Kugel mit der Masse von $m = 600$ g befestigt. Die Kugel wird um 10 cm aus ihrer Ruhelage ausgelenkt. Wir bestimmen jetzt die Kreisfrequenz, die Frequenz, die Periodendauer, die Amplitude, die maximale Geschwindigkeit und die maximale Beschleunigung der Schwingung.

Lösung: Die Kreisfrequenz können wir direkt mit den bekannten Größen berechnen:

$$\omega = \sqrt{\frac{k}{m}} = \sqrt{\frac{50\,\text{N/m}}{0,6\,\text{kg}}} = 9,13\frac{\text{rad}}{\text{s}} \qquad (9.24)$$

Die Frequenz können wir über die Definition der Kreisfrequenz berechnen:

$$f = \frac{\omega}{2\pi} = \frac{9,13\frac{\text{rad}}{\text{s}}}{2\pi} = 1,45\,\text{Hz} \qquad (9.25)$$

Damit ergibt sich für die Periodendauer:

$$T = \frac{1}{f} = \frac{1}{1,45\,\text{Hz}} = 0,69\,\text{s} \tag{9.26}$$

Die Amplitude müssen wir nicht berechnen, denn sie ist bereits gegeben. Da die Auslenkung 10 cm beträgt und diese aufgrund der Energieerhaltung nicht größer werden kann, so gilt:

$$\hat{u} = 10\,\text{cm} \tag{9.27}$$

Die maximale Geschwindigkeit berechnet sich mit:

$$\hat{v} = \omega\hat{u} = 9,13\frac{\text{rad}}{\text{s}} \cdot 0,1\,\text{m} = 0,913\frac{\text{m}}{\text{s}} \tag{9.28}$$

Abschließend können wir noch die maximale Beschleunigung berechnen:

$$\hat{a} = \omega^2\hat{u} = \left(9,13\frac{\text{rad}}{\text{s}}\right)^2 \cdot 0,1\,\text{m} = 8,34\frac{\text{m}}{\text{s}^2} \tag{9.29}$$

9.1.7 Potenzielle und kinetische Energie einer Schwingung

Die potenzielle Energie der harmonischen Schwingung erhalten wir, indem wir u in die Formel für die potenzielle Energie einsetzen.

▶ Merke Die **potenzielle Energie** einer harmonischen Schwingung ist:

$$E_{pot} = \frac{1}{2}kx^2 = \frac{1}{2}k(\hat{x}\cos(\omega t + \phi))^2 = \frac{1}{2}k\hat{x}^2\cos^2(\omega t + \phi) \tag{9.30}$$

Wir erhalten die kinetische Energie der harmonischen Schwingung, indem wir Geschwindigkeitsfunktion v in die Formel für die kinetische Energie einsetzen.

▶ Merke Die **kinetische Energie** einer harmonischen Schwingung ist:

$$E_{kin} = \frac{1}{2}mv^2 = \frac{1}{2}m(-\omega\hat{x}\sin(\omega t + \phi))^2 = \frac{1}{2}m\omega^2\hat{x}^2\sin^2(\omega t + \phi) \tag{9.31}$$

Die Gesamtenergie ist die Summe aller Energien. In diesem Fall gilt:

$$E_{hs} = E_{pot} + E_{kin} = \frac{1}{2}k\hat{x}^2\cos^2(\omega t + \phi) + \frac{1}{2}m\omega^2\hat{x}^2\sin^2(\omega t + \phi) \tag{9.32}$$

Der Index hs steht hierbei für die harmonische Schwingung. In einem nächsten Schritt wollen wir diese Gleichung vereinfachen. Zunächst verwenden wir die zuvor hergeleitete Formel für die Federkonstante (Formel 9.19) und erhalten:

$$E_{hs} = \frac{1}{2}k\hat{x}^2\cos^2(\omega t + \phi) + \frac{1}{2}k\hat{x}^2\sin^2(\omega t + \phi) \tag{9.33}$$

Als Nächstes nutzen wir den trigonometrischen Pythagoras ($\cos^2 + \sin^2 = 1$) und erhalten damit:

$$E_{hs} = \frac{1}{2}k\hat{x}^2 + \frac{1}{2}k\hat{x}^2 \tag{9.34}$$

▶ Merke Die **Gesamtenergie** einer harmonischen Schwingung ist:

$$E_{hs} = k\hat{x}^2 \tag{9.35}$$

- Auch wenn sich die potenzielle und die kinetische Energie mit der Zeit immer wieder verändern, so ist die Summe beider Energien immer gleich, da sie sich ineinander umwandeln.
- Damit ist die Gesamtenergie frequenzunabhängig.
- Allein die maximale Auslenkung und die Federkonstante entscheiden über die Gesamtenergie.

Achtung Verwechseln Sie nicht die Federkonstante k mit der Wellenzahl k! In Gl. 9.35 wird die Federkonstante benutzt.

Beispiel

Eine Feder mit der Federkonstanten ($k = 0,6\,\text{N/cm}$) wird um 5 cm aus ihrer Ruhelage ausgelenkt. Wir wollen jetzt die Gesamtenergie berechnen.
Lösung: Die Gesamtenergie ist gegeben mit:

$$E_{hs} = k\hat{x}^2 = 0,6\frac{\text{N}}{\text{cm}} \cdot (5\,\text{cm})^2 = 15\,\text{Ncm} = 0,15\,\text{Nm} = 0,15\,\text{J} \tag{9.36}$$

Beispiel

Eine Feder wird um 2 cm aus ihrer Ruhelage ausgelenkt und schwingt anschließend mit einer Kreisfrequenz von 3 Hz. Wir berechnen jetzt die Geschwindigkeit und Position, bei der die potenzielle und die kinetische Energie gleich groß sind. **Lösung:** Wir wissen, dass die maximale Geschwindigkeit berechnet werden kann mit $\hat{v} = \omega\hat{x}$. Die Gesamtenergie bei der maximalen Geschwindigkeit ist nur durch die kinetische Energie bestimmt. Somit gilt:

$$E_{hs} = \frac{1}{2}m\hat{v}^2 = \frac{1}{2}m\omega^2\hat{x}^2 \tag{9.37}$$

Sobald die kinetische Energie gleich der potenziellen Energie ist, gilt für die Gesamtenergie, dass sie zur Hälfte aus kinetischer Energie besteht. Damit ergibt sich:

$$E_{hs} = \frac{1}{2}E_{kin} = \frac{1}{2}mv^2 = \frac{1}{4}m\omega^2\hat{x}^2 \tag{9.38}$$

Wenn wir alles nach der Geschwindigkeit umstellen, so erhalten wir:

$$v = \frac{\omega\hat{x}}{\sqrt{2}} = \frac{3\,\text{Hz} \cdot 0{,}02\,\text{m}}{\sqrt{2}} = 0{,}04\,\frac{\text{m}}{\text{s}} \tag{9.39}$$

Hierbei muss uns der Unterschied zwischen der maximalen Geschwindigkeit $\hat{v}$ und der momentanen Geschwindigkeit v bewusst sein. Wir müssen sie unterscheiden, um zum gewünschten Ergebnis zu kommen.

Mit der gleichen Herangehensweise können wir die Formel für die Position finden, bei der die potenzielle Energie gleich der kinetischen Energie ist. Hier müssen wir ganz genau zwischen der maximalen Position $\hat{x}$ und der momentanen Position x unterscheiden. Die potenzielle Energie ist gleich der Gesamtenergie bei maximaler Auslenkung:

$$E_{hs} = \frac{1}{2}E_{pot} = \frac{1}{2}k\hat{x}^2 \tag{9.40}$$

Auch hier können wir annehmen, dass sobald beide Energien gleich groß sind, die potenzielle Energie die Hälfte der Gesamtenergie ausmacht:

$$E_{hs} = \frac{1}{2}E_{pot} = \frac{1}{2}kx^2 = \frac{1}{4}k\hat{x}^2 \tag{9.41}$$

Daraus folgt für die Position, an der beide Energien gleich groß sind:

$$x = \frac{\hat{x}}{\sqrt{2}} = \frac{0{,}02\,\text{m}}{\sqrt{2}} = 0{,}014\,\text{m} \tag{9.42}$$

9.2   Wellen

9.2.1   Was ist eine Welle?

Eine Welle ist eine Schwingung, die sich im Raum ausbreitet. Unmittelbar wahrnehmen lassen sich z. B. Wasser-, Erdbeben- oder Schallwellen. Anders als die Schwingung transportiert die Welle keine Masse durch den Raum, sondern gibt nur Energie weiter. Physiker/-innen formulieren es so:

▶   Merke Eine **Welle** ist eine räumliche Ausbreitung einer periodischen Änderung einer physikalischen Größe.

Im Folgenden soll es nun vor allem um **harmonische Wellen** gehen – also die räumliche Ausbreitung einer harmonischen Schwingung. Sie können ebenfalls mit (Sinus- und) Kosinusfunktionen beschrieben werden und besitzen ebenfalls eine zeitliche und eine räumliche Periodizität.

Um Wellen zu charakterisieren, verwenden Physiker/-innen u. a.

- die Ausbreitungsrichtung,
- die Schwingungsrichtung,
- die Amplitude,
- die Kreisfrequenz,
- und die Wellenzahl.

Zunächst zur Ausbreitungsrichtung. Sie kennzeichnet, wohin die Energie transportiert wird. Die sogenannte Schwingungsrichtung hingegen zeigt an, in welche Richtung der Oszillator sich wendet. Dabei unterscheiden Physiker/-innen zwei Fälle: Sogenannte **transversale Wellen** breiten sich senkrecht zur Schwingungsrichtung aus und heißen daher auch Längswellen. Sogenannte **longitudinale Welle** breiten sich parallel zur Schwingungsrichtung aus und werden auch Querwelle genannt. Schauen Sie sich dazu auch Abb. 9.3 an.

9.2.2   Die harmonische Welle

Die Geschwindigkeit der Welle ist definiert als die Wellenlänge pro Periode:

$$v = \frac{\lambda}{T} = \lambda f \qquad (9.43)$$

Hierbei entspricht λ der Wellenlänge mit Hilfe des Zusammenhangs $f = 1/T$. Das heißt, die Welle bewegt sich während der Periodendauer T um eine Wellenlänge λ weiter.

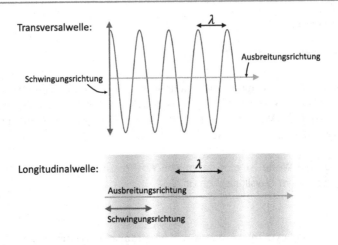

Abb. 9.3 Transversale und longitudinale Wellen

Wenn ein Oszillator an der Stelle $x = 0$ entsprechend der Gleichung

$$u = \hat{u}\cos(\omega t) \tag{9.44}$$

schwingt, so erreicht die sich ausbreitende Schwingung einen weiteren Oszillator in der Entfernung x nach der Zeit $t = x/v_x$. Damit gilt an der Stelle x die Gleichung:

$$u = \hat{u}\cos\left[\omega\left(t - \frac{x}{v_x}\right)\right] \tag{9.45}$$

Wenn wir jetzt noch für die Wellenlänge $\lambda = vT$ und für die Kreisfrequenz $\omega = 2\pi/T$ einsetzen sowie außerdem eine Anfangsphase ϕ berücksichtigen, so erhalten wir die eindimensionale Wellenfunktion in x-Richtung:

$$u = \hat{u}\cos\left[2\pi\left(\frac{t}{T} - \frac{x}{\lambda}\right) + \phi\right] \tag{9.46}$$

Es ist möglich, diese Gleichung weiter zu vereinfachen. Dabei wird die **Wellenzahl** eingeführt:

$$k = \frac{2\pi}{\lambda} \tag{9.47}$$

Mit der Kreisfrequenz hatten wir die zeitliche Periode beschrieben. Mit der Wellenzahl beschreiben wir jetzt die örtliche Periode, weshalb sie manchmal auch als Ortsfrequenz bezeichnet wird. Bevor es ans Rechnen geht, hilft es die nun folgende Wellenfunktion mit Hilfe der Kreisfrequenz und der Wellenzahl umzuschreiben. Schließlich wird sie dann so aussehen, wie in den meisten Lehr- bzw. Schulbüchern.

▶ **Merke** Für die Kosinusfunktion der **harmonischen Welle** gilt:

$$u = \hat{u} \cos(\omega t \pm kx + \phi) \tag{9.48}$$

- Es handelt sich hierbei um eine Welle, die sich nur in x-Richtung ausbreitet. Generell ist natürlich eine Ausbreitung in alle Raumrichtungen möglich.
- Die Ausbreitungsrichtung, das heißt entweder in positiver oder in negativer x-Richtung, wird durch das Vorzeichen von kx entschieden. Mit positivem Vorzeichen wandert die Welle in negativer Richtung der x-Achse, mit negativem Vorzeichen bewegt sie sich in die positive Richtung.

▶ **Merke** Die **Kreisfrequenz** wandelt eine Zeit t in eine Phase um. Die **Wellenzahl** wandelt eine Wegstrecke x in eine Phase um.

- Die Phase, also das Argument im Kosinus, muss immer einheitenlos sein.
- Wenn Zeit vergeht, so ändert sich die Phase entsprechend ωt.
- Wenn eine bestimmte Strecke zurückgelegt wird, so ändert sich die Phase entsprechend mit kx.
- Sowohl die Kreisfrequenz als auch die Wellenzahl sorgen also dafür, dass die Zeit und der Weg einheitenlos werden.

Beispiel

Eine Transversalwelle breitet sich vom Ursprung ($x = 0$) ausgehend mit $v_x = 2 \, \text{m/s}$ in Richtung der positiven x-Achse aus. Zur Zeit $t = 0$ beginnt die Auslenkung im Ursprung mit $f = 10 \, \text{Hz}$ von null auf einen maximale Auslenkung von $\hat{u} = 5 \, \text{cm}$ anzuwachsen. Wir wollen jetzt die Wellenlänge bestimmen und die zugehörige Wellenfunktion aufstellen. Außerdem wollen wir die Zeit t_1 bestimmen, bei der ein Teilchen am Punkt $x = 2 \, \text{m}$ anfängt zu schwingen und welche Elongation es zur Zeit $t_2 = 60 \, \text{s}$ hat.

Lösung: Die Wellenlänge können wir einfach ausrechnen:

$$\lambda = \frac{v_x}{f} = \frac{2 \, \text{m/s}}{10 \, \text{Hz}} = 0,2 \, \text{m} \tag{9.49}$$

Damit können wir auch direkt die Wellenzahl bestimmen:

$$k = \frac{2\pi}{\lambda} = \frac{2\pi}{0,2 \, \text{m}} = 31,42 \, \frac{1}{\text{m}} \tag{9.50}$$

Auch die Kreisfrequenz lässt sich einfach berechnen:

$$\omega = 2\pi f = 2\pi \cdot 10 \, \text{Hz} = 62,83 \, \frac{1}{\text{s}} \tag{9.51}$$

Damit haben wir alle Angaben für die Wellenfunktion. Die Anfangsphase ist null und die maximale Auslenkung liegt bei $t = 0$, wenn wir die Kosinusfunktion verwenden. Wenn wir alles einsetzen, so erhalten wir:

$$u = \hat{u}\cos(\omega t \pm kx + \phi) = 5\,\text{cm} \cdot \cos\left(62{,}83\frac{1}{\text{s}} \cdot t - 31{,}42\frac{1}{\text{m}} \cdot x\right) \qquad (9.52)$$

Das Vorzeichen von kx ist negativ, da die Welle sich in positiver x-Richtung ausbreitet. Die Zeit t_1 können wir ebenfalls einfach berechnen:

$$t_1 = \frac{x}{v_x} = \frac{2\,\text{m}}{2\,\text{m/s}} = 1\,\text{s} \qquad (9.53)$$

Nach einer Zeit t_2 ist die Elongation bei $x = 2\,\text{m}$:

$$u = 5\,\text{cm} \cdot \cos\left(62{,}83\frac{1}{\text{s}} \cdot 60\,\text{s} - 31{,}42\frac{1}{\text{m}} \cdot 2\,\text{m}\right) = 4{,}96\,\text{cm} \qquad (9.54)$$

9.2.3 Schallwellen

Schallwellen treten sowohl in elastischen Medien wie z. B. Wasser und Luft oder Festkörpern wie z. B. Stahl, Holz, Beton etc. auf.

Prinzipiell können Schallwellen sowohl Longitudinalwellen als auch als Transversalwellen sein. Gase bilden allerdings eine Ausnahme: Hier gibt es nur Longitudinalwellen, da hier die sogenannten Kopplungskräfte zwischen den Teilchen fehlen. Deshalb werden Gase oft auch als Beispiel für diese Wellenart verwendet. Die Geschwindigkeit, mit der sich eine Schallwelle ausbreitet, wird als Schallgeschwindigkeit bezeichnet. Sie hängt stark vom Medium ab, in dem sie sich ausbreitet. Entscheidend sind dabei die elastischen Eigenschaften und die Dichte des Mediums.

▶   Merke Die **Schallgeschwindigkeit** in Gasen wird berechnet mit

$$v = \sqrt{\kappa\frac{R_m T}{M}} \qquad (9.55)$$

- κ ist der Adiabatenexponent, auch bekannt als Isentropenexponent oder Wärmekapazitätsverhältnis.
- In Tabellenbüchern finden sich Werte für den Adiabatenexponenten für verschiedene Gase.

Beispiel

- Es soll die Schallgeschwindigkeit in Luft bei einer Temperatur von $20\,°C$ berechnet werden.

  Lösung: Aus einem Tabellenbuch finden wir den Adiabatenexponenten für Luft $\kappa = 1{,}402$ und die Gaskonstante $R_m = 8{,}314\,\text{kg} \cdot \text{m}^2/\text{s}^2 \cdot \text{mol} \cdot \text{K}$ sowie die molare Masse $M = 0{,}02896\,\text{kg/mol}$. Die Temperatur müssen wir noch in Kelvin umrechnen und erhalten $T = 293{,}15\,\text{K}$. Damit ergibt sich die Schallgeschwindigkeit zu:

$$v = \sqrt{\kappa \frac{R_m T}{M}} = \sqrt{1{,}402 \frac{8{,}314\,\text{kg} \cdot \text{m}^2/\text{s}^2 \cdot \text{mol} \cdot \text{K} \cdot 293{,}15\,\text{K}}{0{,}02896\,\text{kg/mol}}} = 343{,}5 \frac{\text{m}}{\text{s}} \tag{9.56}$$

In Luft können wir die Schallgeschwindigkeit für einen Temperaturbereich zwischen $-20\,°C$ bis $+40\,°C$ näherungsweise berechnen mit:

$$v = \left(331{,}5 + \frac{0{,}6}{°C} \cdot \vartheta\right) \frac{\text{m}}{\text{s}} \tag{9.57}$$

Hier haben wir einfach alle Konstanten zusammengefasst und die Einheiten so umgerechnet, dass wir direkt Meter pro Sekunde erhalten.

Beispiel

Es soll die Schallgeschwindigkeit in Luft bei einer Temperatur von $20\,°C$ mit der Näherungsformel berechnet werden.

Lösung: Die Temperatur müssen wir diesmal nicht in Kelvin umrechnen. Mit der Näherungsformel erhalten wir für die Schallgeschwindigkeit in Luft:

$$v = \left(331{,}5 + \frac{0{,}6}{°C} \cdot 20\,°C\right) \frac{\text{m}}{\text{s}} = 343{,}5 \frac{\text{m}}{\text{s}} \tag{9.58}$$

9.3 Kurz und knapp: Das gehört auf den Spickzettel

- Eine Schwingung ist die zeitliche oder räumliche periodische Änderung einer physikalischen Größe.
- Eine harmonische Schwingung wird über die Kosinusfunktion beschrieben:

$$u = \hat{u} \cos(\omega t + \phi)$$

- Die Kreisfrequenz wird berechnet mit:

$$\omega = 2\pi f = \frac{2\pi}{T}$$

- Die Geschwindigkeit einer harmonischen Schwingung ist:

$$v = -\omega \hat{u} \sin(\omega t + \phi) = -\omega u$$

- Die Beschleunigung einer harmonischen Schwingung ist:

$$a = -\omega^2 \hat{u} \cos(\omega t + \phi) = -\omega^2 u$$

- Die Ruhelage ist die Position, in welche die Feder ohne äußeren Einfluss stets wieder zurückkehrt.
- Die potenzielle Energie einer harmonischen Schwingung ist:

$$E_{pot} = \frac{1}{2}kx^2 = \frac{1}{2}k\hat{x}^2 \cos^2(\omega t + \phi)$$

- Die kinetische Energie einer harmonischen Schwingung ist:

$$E_{kin} = \frac{1}{2}mv^2 = \frac{1}{2}m\omega^2 \hat{x}^2 \sin^2(\omega t + \phi)$$

- Die Gesamtenergie einer harmonischen Schwingung ist:

$$E_{hs} = k\hat{x}^2$$

- Eine Welle ist die räumliche Ausbreitung einer periodischen Änderung einer physikalischen Größe.
- Eine transversale Welle breitet sich senkrecht zur Schwingungsrichtung aus.
- Eine longitudinale Welle breitet sich parallel zur Schwingungsrichtung aus.
- Die Geschwindigkeit der Welle ist definiert als die Wellenlänge pro Periode:

$$v = \frac{\lambda}{T} = \lambda f$$

- Eine harmonische Welle wird mit der Kosinusfunktion beschrieben:

$$u = \hat{u} \cos(\omega t \pm kx + \phi)$$

- Die Kreisfrequenz wandelt die Zeit in eine Phase um: $\Phi = \omega t$
- Die Wellenzahl wandelt die Wegstrecke in eine Phase um: $\Phi = kx$
- Schallwellen können sowohl als Longitudinalwelle als auch als Transversalwelle auftreten.

- In Gasen treten Schallwellen nur als Longitudinalwellen auf.
- Die Schallgeschwindigkeit in Gasen wird berechnet mit:

$$v = \sqrt{\kappa \frac{R_m T}{M}}$$

9.4 Gut vorbereitet? Testen Sie sich selbst!

Diese Aufgaben könnten Sie in der schriftlichen Prüfung erwarten.

1. Welche Geschwindigkeit besitzt eine harmonische Schwingung mit der maximalen Auslenkung $\hat{u} = 5$ m nach $t = 20$ s? Die Kreisfrequenz beträgt $\omega = 3\,\mathrm{s}^{-1}$.
2. Wie groß ist die maximale Beschleunigung einer harmonischen Schwingung mit der Kreisfrequenz $20\,\mathrm{s}^{-1}$ und der maximalen Auslenkung $\hat{u} = 1$ m?
3. Eine Feder mit der Federkonstanten ($k = 0{,}5$ N/cm) wird maximal um $0{,}2$ cm aus ihrer Ruhelage ausgelenkt. Wie groß ist die Energie des Federschwingers?
4. Wandeln Sie die Zeit $t = 10$ s in eine Phase um, wenn die Welle eine Periodendauer von $T = 2$ s besitzt.
5. Berechnen Sie die Schallgeschwindigkeit in Helium bei einer Temperatur von $20°C$.

Diese Fragen könnten Sie in der mündlichen Prüfung erwarten.

1. Was ist eine harmonische Schwingung?
2. Was sind charakteristische Größen einer harmonischen Schwingung?
3. Nennen Sie ein Beispiel für eine harmonische Schwingung.
4. Welche charakteristischen Größen besitzt eine Schwingung?
5. Was ist der Unterschied zwischen Phase und Anfangsphase?
6. Was ist eine rücktreibende Kraft?
7. Was verstehen Sie unter Ruhelage?
8. Beschreiben Sie die Geschwindigkeit und Beschleunigung einer Schwingung bei der Ruhelage und bei den Umkehrpunkten.
9. Was ist der Unterschied zwischen einer transversalen und einer longitudinalen Welle?
10. Warum können Schallwellen in Gasen nur als Longitudinalwellen auftreten?

Optik

10

10.1 Was ist Optik?

Das Wort Optik stammt vom griechischen Wort „optikós", was so viel bedeutet, wie „zum Sehen gehörend". Physiker/-innen meinen hiermit die Lehre vom Licht. Das Licht selbst besteht aus **Photonen,** auch Lichtteilchen genannt. Gleichzeitig verhält es sich aber auch wie elektromagnetische Wellen. Dieser sogenannte **Welle-Teilchen-Dualismus** ist ein bisschen verwirrend, denn Wellen und Teilchen verhalten sich physikalisch eigentlich grundverschieden. Trotzdem legen Experimente nahe, dass Licht tatsächlich beides ist. Auch Physiker/-innen wissen nicht, warum.

Im ersten Teil dieses Kapitels betrachten wir das Licht vor allem in seinen Eigenschaften als Lichtwelle. In einem zweiten Teil schauen wir schließlich auf seine Teilchennatur.

Bevor es ins Eingemachte geht, starten wir mit Basiswissen. Dabei geht es um die Fähigkeiten des Lichts. Es kann

1. reflektieren: Bei Reflexion wird das Licht von einer Oberfläche zurückgeworfen, wie z. B. bei einem Spiegel.
2. absorbieren: Bei Absorption wird das Licht von einer Oberfläche aufgenommen, wie z. B. dunklem Asphalt, der sich aufheizt, weil er die Lichtenergie absorbiert.
3. transmittieren: Bei der Transmission durchläuft Licht ein Material, z. B. eine Glasscheibe.
4. streuen: Auch hier wird das Licht reflektiert, allerdings in viele beliebige Richtungen. Streuung tritt vorwiegend bei rauen Oberflächen, aber auch im Material oder an Molekülen in der Luft auf. Als Resultat entsteht z. B. die blaue Farbe des Himmels.

Abb. 10.1 gibt eine Übersicht aller Effekte.

Soweit dazu. Jetzt geht's weiter mit den Details.

© Springer-Verlag GmbH Deutschland, ein Teil von Springer Nature 2021
P. Steglich und K. Heise, *Vorkurs Physik fürs MINT-Studium,*
https://doi.org/10.1007/978-3-662-62126-4_10

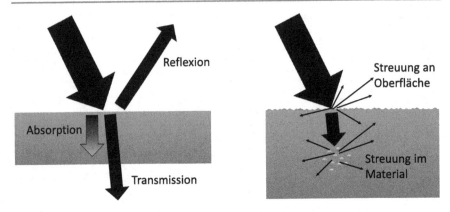

Abb. 10.1 Das alles kann Licht

10.2   Die Geschwindigkeit des Lichts und die optische Weglänge

Licht kann aus verschiedenen Wellenlängen bestehen, die in Nanometer angeben werden. Für uns sichtbar sind die Wellenlängen zwischen 380 nm und 750 nm. Wenn diese Wellenlängen zusammenkommen, erscheinen sie für unser Auge weiß. Dazu gehört z. B. das Licht der Sonne oder einer Glühbirne. Einzelne Lichtwellen hingegen, sogenanntes **monochromatisches Licht,** nehmen wir als einzelne Farben wahr. Der rote Strahl im Laserpointer ist ein Beispiel hierfür.

Wie Sie schon gelernt haben, transportieren Wellen Energie im Raum. Dabei verfügt jede Wellenlänge – und damit auch jede Farbe – über eine bestimmte Energie. Bläuliches Licht ist energiereicher, rötliches Licht ist energieärmer. Wie Sie diese Energie berechnen, kommt weiter unten. Zunächst schauen wir uns an, *wie* Licht sich bewegt.

Um den zurückgelegten Weg eines Objekts zu beschreiben, haben wir bislang die Geschwindigkeit v verwendet. Entsprechend haben wir im Kapitel „Schwingungen und Wellen" auch die Geschwindigkeit einer Welle berechnet: $v = \lambda/T$.

Dies lässt sich zunächst auch für Lichtgeschwindigkeit übernehmen. Es gibt nur einen kleinen Unterschied: Anstatt v schreiben Physiker/-innen hier c:

$$c_0 = \frac{\lambda}{T} \tag{10.1}$$

Der Index „null" weist an dieser Stelle darauf hin, dass diese Wellenlänge nur im Vakuum gilt. Die Lichtgeschwindigkeit im Vakuum bzw. näherungsweise auch in Luft, ist gegeben mit $c_0 = 299792458$ m/s.

Sobald sich das Licht nicht mehr im Vakuum befindet, verlangsamt es sich. Wie stark das passiert, definiert der sogenannte Brechungsindex n. Dabei gilt, je höher der Brechungsindex, desto langsamer das Licht. Das führt dazu, dass sich die Laufzeit erhöht, also die Zeit, die das Licht von einem zum anderen Punkt braucht. Für

Lichtgeschwindigkeit im Material gilt dann:

$$c = \frac{c_0}{n} \qquad (10.2)$$

All das führt uns nun zu einer Besonderheit des Lichts:

▶ **Merke** Denn das Licht nimmt nicht (!) den kürzesten Weg, um von A nach B zu kommen, sondern den schnellsten Weg. Und das ist der Weg mit dem geringsten Brechungsindex. Physiker/-innen sprechen hier vom **Fermatschen Prinzip.** Deshalb ist es sinnvoll, beim Licht nicht den geometrischen Weg, sondern den optischen Weg zu berechnen.

▶ **Merke**
Diese **optische Weglänge** ist definiert als:

$$L_{opt} = nL \qquad (10.3)$$

Übrigens In vielen Büchern wird es leider etwas komplizierter ausgedrückt. Hier heißt es z. B.: „Das Fermatsche Prinzip besagt, dass die Laufzeit des Lichts zwischen zwei Punkten ein Extremum annimmt. Insbesondere ist die optische Weglänge extremal, d. h. die längste oder kürzeste. Es wird auch Prinzip des extremalen optischen Weges oder Prinzip der extremalen Laufzeit genannt." Lassen Sie sich auf keinen Fall von diesen unnötigen Fremdworten einschüchtern. Extremum bedeutet Maximal- oder auch Minimalwert. Und wie Sie jetzt wissen, nimmt die Laufzeit des Lichts üblicherweise einen Minimalwert an, um in kürzester Zeit ans Ziel zu kommen. Die Autoren dieser komplizierten Sprache haben ihre Gründe: Sie versuchen, alle theoretischen Möglichkeiten des Universums miteinzuschließen. Aber wenn Sie nicht gerade einen Masterkurs in Physik besuchen, schießt das deutlich übers Ziel hinaus. Uns geht es an dieser Stelle ausschließlich um das grundlegende Verständnis. Lassen Sie sich also nicht verwirren.

Beispiel

Abb. 10.2 zeigt einen Lichtstrahl, der vier Materialien mit unterschiedlichen Brechungsindizes durchläuft. Die geometrischen Längen sind gegeben mit $L_1 = 1$ m, $L_2 = 0{,}5$ m, $L_3 = 0{,}7$ m und $L_4 = 0{,}7$ m. Es soll jetzt die gesamte optische Weglänge berechnet werden. Die Brechungsindizes sind gegeben mit $n_1 = 1$, $n_2 = 1{,}9$, $n_3 = 1{,}3$ und $n_1 = 2{,}5$.

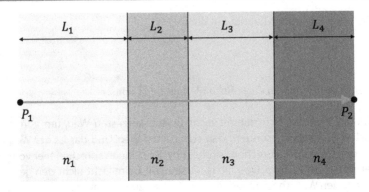

Abb. 10.2 Ein Lichtstrahl durchquert vier verschiedene Materialien

Lösung: Die gesamte optische Weglänge ist die Summe der einzelnen optischen Weglängen:

$$L_{opt} = n_1 L_1 + n_2 L_2 + n_3 L_3 + n_4 L_4 \tag{10.4}$$

$$= 1 \cdot 1\,\mathrm{m} + 1{,}9 \cdot 0{,}5\,\mathrm{m} + 1{,}3 \cdot 0{,}7\,\mathrm{m} + 2{,}5 \cdot 0{,}7\,\mathrm{m} \tag{10.5}$$

$$= 4{,}61\,\mathrm{m} \tag{10.6}$$

Alles klar? Obwohl die geometrische Längen L_3 und L_4 identisch sind, so unterscheiden sich ihre optischen Weglängen sehr.

10.3 Das Brechungsgesetz

Der Brechungsindex war jetzt bereits ein paar Mal Thema. Was genau damit gemeint ist, schauen wir uns hier noch einmal genauer an: Laut Definition ist der Brechungsindex eine Materialeigenschaft, die definiert, wie das Licht am Übergang von einem zum anderen Material bricht – d. h. die Richtung ändert. Jetzt ein Beispiel: Links in Abb. 10.3 strahlt das Licht auf einer geraden Strecke. Das liegt daran, dass der Lichtstrahl im selben Material bleibt. Das ändert sich jedoch, sobald das Licht auf ein weiteres Material trifft, wie rechts in Abb. 10.3 zu sehen. Das Licht bricht an der Materialgrenze und ändert die Richtung. Der Grund dafür sind eben die unterschiedlichen Brechungsindizes der Materialien.

Um die Lichtbrechung zu beschreiben, nutzen Physiker/-innen die Winkel, die entstehen, sobald das Licht die Richtung ändert. Wir unterscheiden zwischen Lichteinfallswinkel α und Lichtausfallswinkel β, wie in Abb. 10.3 zu sehen. Dabei beziehen sich die Winkel immer auf den Lichtstrahl selbst und das Lot. Das Lot ist eine imaginäre Linie, die senkrecht zur Grenzfläche des Materials steht.

Mit diesem Wissen können wir nun das Brechungsgesetz aufstellen:

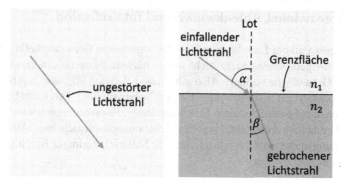

Abb. 10.3 Verlauf eines Lichtstrahls zwischen zwei Punkten in einem Material (links) und beim Übergang in ein anderes Medium (rechts)

▶ Merke Das **Brechungsgesetz** beschreibt die Richtungsänderung des einfallenden Lichtstrahls am Übergang in ein anderes Material:

$$\frac{\sin(\alpha)}{\sin(\beta)} = \frac{n_2}{n_1} \tag{10.7}$$

- n_1 ist der Brechungsindex des Materials, aus dem der Lichtstrahl kommt. n_2 ist der Brechungsindex des Materials, in das der Strahl eintritt.
- Das Brechungsgesetz wird auch Snelliussches Brechungsgesetz, Snelliussches Gesetz oder Snellius-Gesetz genannt.

Beispiel

Wir berechnen den Ausfallswinkel β, wenn der Einfallswinkel 30° beträgt. Die Brechungsindizes sind gegeben mit $n_1 = 1,3$ und $n_2 = 1,55$.
Lösung: Wenn wir das Brechungsgesetz nach β umstellen, so erhalten wir:

$$\beta = \sin^{-1}\left(\frac{n_1 \sin(\alpha)}{n_2}\right) = \sin^{-1}\left(\frac{1,3 \cdot \sin(30°)}{1,55}\right) = 24,8° \tag{10.8}$$

Als Nächstes schauen Sie sich bitte Abb. 10.3 an. Hier sehen Sie, dass der optische Weg stets auch in die entgegengesetzte Richtung gilt. Das bedeutet auch: Bricht das Licht in einem Winkel zum Lot hin (vorausgesetzt $n1 < n2$), bricht es in entgegengesetzter Richtung in einem Winkel vom Lot weg. Mit dieser Erkenntnis können wir den Strahlenverlauf noch besser berechnen. Physiker/-innen sprechen hierbei von der **geometrischen Optik.**

10.3.1 Grenzwinkel, Ablenkwinkel und Totalreflexion

Ein besonderer Fall der Lichtbrechung ist der sogenannte Grenzwinkel α_g. Er führt dazu, dass das gebrochene Licht nicht in das nächste Material eindringt, sondern parallel zur Grenzfläche verläuft. Also gilt Winkel β gleich 90°, wie in Abb. 10.4 zu sehen. Das passiert gar nicht so selten. Einzige Voraussetzung: Das Licht trifft an der Materialgrenze auf einen kleineren Brechungsindex. Physiker/-innen würden sagen: Damit der Grenzwinkel entsteht, muss das Licht vom optisch dichteren Material (größerer Brechungsindex) auf das optisch dünnere Material (kleinerer Brechungsindex) treffen. Es gilt also $n_1 > n_2$.

▶ **Merke** Weil $\sin(90°) = 1$ ist, erhalten wir mit dem Brechungsgesetz den Grenzwinkel:

$$\sin(\alpha_g) = \frac{n_2}{n_1} \tag{10.9}$$

Achtung Sie werden in einigen Büchern auch folgende Formel finden:

$$\sin(\alpha_g) = \frac{n_1}{n_2} \tag{10.10}$$

In diesem Fall gilt $n_1 < n_2$. Es ist also entscheidend, dass der größere Brechungsindex im Nenner steht und – wie eben schon erwähnt – dass der Lichtstrahl vom optisch dichteren auf das optische dünnere Material trifft.

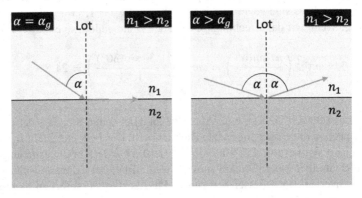

Abb. 10.4 Links bildet der gebrochene Lichtstrahl einen Grenzwinkel. Rechts entsteht ein Einfallswinkel, der größer ist als der Grenzwinkel. Hier wird das Licht totalreflektiert

Wird der Einfallswinkel α noch größer als der Grenzwinkel α_g, so wird der Lichtstrahl vollständig reflektiert. Das heißt, das Licht dringt nicht durch die Grenze des Materials. Diese sogenannte **Totalreflexion** sehen Sie in Abb. 10.4. Sie lässt sich auch berechnen:

▶   **Merke** Für die Totalreflexion gilt:

$$\sin(\alpha) > \frac{n_2}{n_1} \qquad (10.11)$$

Außerdem wichtig für die ersten Prüfungen, ist der sogenannte Ablenkwinkel δ. Dieser ist in Abb. 10.5 für ein gleichschenkliges Prisma zu sehen. Der **Ablenkwinkel** kann in diesem Fall berechnet werden mit:

$$\delta = \alpha_1 - \beta_1 + \alpha_2 - \beta_2 \qquad (10.12)$$

10.3.2 Dispersion und Dispersionsprisma

Sie haben schon gelernt, dass der Brechungsindex materialabhängig ist. Gleichzeitig wird er von der Wellenlänge des Lichts beeinflusst. Diese Wellenlängenabhängigkeit des Brechungsindex heißt **Dispersion.**

Diese Dispersion kann für verschiedene Materialien sehr unterschiedlich ausfallen. Daher wurden Parameter festgelegt, um sie einzuordnen, ohne sie aufwändig präzise berechnen zu müssen. Dazu sprechen Physiker/-innen von normaler und anormaler Dispersion:

▶   **Merke** Man spricht von einer **normalen Dispersion,** wenn

$$\frac{\mathrm{d}n}{\mathrm{d}\lambda} < 1 \qquad (10.13)$$

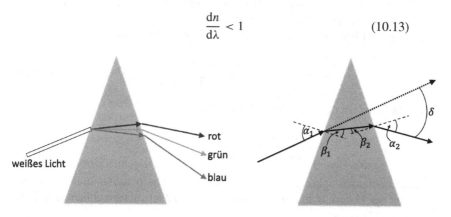

Abb. 10.5 Beim Durchgang durch ein Prisma wird Licht zweimal gebrochen. Blaues Licht bricht stärker als rotes

und von einer **anormalen Dispersion,** wenn

$$\frac{\mathrm{d}n}{\mathrm{d}\lambda} > 1 \qquad (10.14)$$

Außerdem dient zur Einordnung der Dispersion die sogenannte Abbesche Zahl oder auch Abbe-Zahl. Die Zahl wird aus drei Brechungsindizes des gleichen Materials bei unterschiedlicher Wellenlängen berechnet. Es handelt sich dabei um jene Wellenlängen, die im Licht der Sonne fehlen, weil sie absorbiert werden.

▶   **Merke** Die Abbe'sche Zahl ist definiert durch:

$$\nu = \frac{n_D - 1}{n_F - n_C} \qquad (10.15)$$

- n_D ist der Brechungsindex der „D-Linie", also bei einer Wellenlänge von 587,6 nm.
- n_F und n_C entsprechen dem jeweiligen Brechungsindex bei 486,1 nm und 656,3 nm.
- Die Differenz $n_F - n_C$ wird auch als mittlere Dispersion bezeichnet.
- Ernst Abbe war ein deutscher Physiker.

Beispiel zur Nutzung der Abbe-Zahl

Sogenanntes Kronglas (Was ist das? Nachlesen im Vokabelheft) besitzt die Brechungsindizes $n_D = 1,51$, $n_F = 1,5157$ und $n_C = 1,5076$. Sogenanntes Flintglas (Was ist das? Nachlesen im Vokabelheft) dagegen besitzt Brechungsindizes von $n_D = 1,6128$, $n_F = 1,6246$ und $n_C = 1,6081$. Unsere Aufgabe ist es nun, das Material mit der geringeren Dispersion einzuordnen. Dabei geht es nun also darum, einschätzen anstatt zu berechnen.

Lösung: Wir berechnen zuerst die Abbe'sche Zahl für das Kronglas:

$$\nu = \frac{n_D - 1}{n_F - n_C} = \frac{1,51 - 1}{1,5157 - 1,5076} = 63 \qquad (10.16)$$

Als Nächstes erhalten wir für das Flintglas:

$$\nu = \frac{n_D - 1}{n_F - n_C} = \frac{1,6128 - 1}{1,6246 - 1,6081} = 37 \qquad (10.17)$$

Damit besitzt Kronglas eine geringere Dispersion. Das bedeutet, die Brechungsindizes des Materials sind nicht so stark von der Wellenlänge abhängig wie im Falle des Flintglases.

Ein gutes Beispiel, um Dispersion zu verstehen, liefert auch das (Dispersions-)Prisma. Wie Sie schon wissen, steht jede Wellenlänge für eine Farbe. Hier wird nun deutlich, dass der Brechungsindex des Prismas von der Wellenlänge abhängt. Sobald Licht hierauf fällt, bricht das Licht wie in Abb. 10.5 entsprechend den Wellenlängen – und lässt die einzelnen Farben für uns sichtbar werden. Der Grund: Jede Wellenlänge führt zu einem anderen Brechungsindex. Das wiederum führt zu unterschiedlichen Ausfallwinkeln an der Grenzfläche. Vereinfacht gesagt: Die einzelnen Lichtwellen treten „allein" über die Materialgrenze und werden dadurch sichtbar.

10.4 Interferenz von Lichtwellen

Wenn Lichtwellen sich überlagern, sprechen wir in der Physik von sogenannter **Interferenz**. Sie führt dazu, dass die einzelnen Wellen miteinander verschmelzen. Die aus der Verschmelzung entstandene Welle verändert ihre Amplitude, also ihre maximale Auslenkung. Die Wellen werden schwächer, stärker oder ganz ausgelöscht. Dabei kommt es vor allem auf die Phasenlage bzw. Phasenverschiebung oder Phasendifferenz an. Diese drei Begriffe beschreiben, inwiefern gleiche Wellen zueinander verschoben sind. Mathematisch drücken wir die Phase wie folgt aus. Wenn die Phase der ersten Welle gegeben ist mit

$$\Phi_1 = \omega t - kx + \phi_1 \tag{10.18}$$

so wissen wir, dass sich diese Welle in die positive x-Richtung ausbreitet, da das Vorzeichen vor kx negativ ist. Wenn wir jetzt eine zweite Welle betrachten, die sich in die gleiche Richtung ausbreitet und eine Phase von

$$\Phi_2 = \omega t - kx + \phi_2 \tag{10.19}$$

besitzt, so ist die Phasendifferenz:

$$\Delta\Phi = \Phi_2 - \Phi_1 = \omega t - kx + \phi_2 - (\omega t - kx + \phi_1) = \phi_2 - \phi_1 \tag{10.20}$$

Mit dieser Gleichung wird klar, dass die Phasendifferenz auch von der Anfangsphase ϕ_1 und ϕ_2 abhängt. Physiker/-innen unterscheiden konstruktive und destruktive Interferenz.

▶ **Merke**

1. Bei der **konstruktiven Interferenz** besitzen die miteinander interferierenden Wellen die gleiche Phase. Die Wellenberge und Wellentäler befinden sich zur gleichen Zeit am gleichen Ort. Die Amplitude wird verstärkt. Zur maximalen Verstärkung kommt es, wenn auch beide Anfangsphasen gleich groß sind. Dann sprechen wir von Phasengleichheit und somit gilt $\Delta\Phi = 0$.

2. Bei der **destruktiven Interferenz** besitzen die Wellen unterschiedliche Phasen. Es gilt $\Delta \Phi \neq 0$. Die Wellenberge und Wellentäler sind versetzt, die Amplitude wird geschwächt. Bei maximaler Abschwächung kommt es zur Auslöschung. Dann gilt $\Delta \Phi = \pi$.

10.4.1 Zweistrahlinterferenz

Wenn mehrere Strahlen miteinander interferieren, sprechen Physiker/-innen von Vielstrahleninterferenz. Eine vereinfachte Version hiervon ist die **Zweistrahlinterferenz,** bei der nur zwei Wellen verwendet werden. Diese schauen wir uns nun genauer an.

Um dieses Beispiel so einfach wie möglich zu halten, gehen wir außerdem von folgenden Annahmen für beide Wellen aus:

- sie besitzen die gleiche Wellenlänge,
- die gleiche Schwingungsrichtung,
- die gleiche Amplitude
- und eine konstante Phasendifferenz.

Wenn diese Kriterien eingehalten werden, so können wir einfache Formeln für die Beschreibung der Interferenzbedingungen finden. Um diese zu verstehen, führen wir zunächst noch den Begriff Gangunterschied ein. Er steht für die Wegdifferenz zweier oder mehrerer zusammenhängender Wellen.

▶   Merke **Konstruktive Interferenz** tritt auf, wenn der Gangunterschied ein ganzzahliges Vielfaches der Wellenlänge beträgt:

$$\Delta s = i \lambda \qquad\qquad (10.21)$$

Destruktive Interferenz tritt auf, wenn der Gangunterschied ein ungeradzahliges Vielfaches der Wellenlänge ist:

$$\Delta s = (2i + 1)\frac{\lambda}{2} \qquad\qquad (10.22)$$

- k steht für eine ganze Zahl beginnend bei eins: $i = 1, 2, 3, \ldots$
- Durch den **Gangunterschied** hat eine Welle einen Vorsprung.
- Der Gangunterschied, d. h. der Vorsprung einer Welle, entspricht also einer Phasenverschiebung.
- Um den Gangunterschied in einen Phasenunterschied umzuwandeln, verwenden wir die Wellenzahl: $\Delta\phi = k\Delta s = \frac{2\pi}{\lambda}\Delta s$

10.4.2 Das Doppelspaltexperiment

Ein klassisches Beispiel für Interferenz ist das **Doppelspaltexperiment**. Hierbei wird monochromatisches Licht (Was ist das? Nachlesen im Vokabelheft) auf eine Platte mit zwei Spalten gerichtet, wie in Abb. 10.6 gezeigt. Die beiden Spalte sind sehr schmal und besitzen nur einen kleinen Abstand zueinander. Schauen wir uns das durch den Spalt tretende Licht auf einem Beobachtungsschirm an, sehen wir ein Streifenmuster. Helle Streifen und dunkle Streifen wechseln sich ab. Dabei nimmt die Helligkeit der Streifen nach außen hin ab. Die hellen Streifen werden als Maxima und die dunklen Streifen als Minima bezeichnet.

Entscheidend für das Auftreten der Maxima und Minima ist der Gangunterschied, den wir oben schon angesprochen haben. Er entsteht an beiden Spalten. Die eine Welle kann direkt in Richtung eines Punktes auf dem Schirm „gehen", während die andere Welle aufgrund des Winkels α eine längere Strecke „gehen" muss (siehe Abb. 10.6). Diese zusätzliche Strecke wiederum ist nichts anderes als der Gangunterschied.

Um die Interferenzen auf einem Beobachtungsschirm zu sehen, muss dieser weit vom Doppelspalt entfernt sein. Als Faustregel nutzen Physiker/-innen die Formel:

$$d \gg \frac{b^2}{\lambda} \tag{10.23}$$

Für den Gangunterschied finden wir die Beziehung:

$$\Delta s = b \sin(\alpha) \approx b \frac{x}{d} \tag{10.24}$$

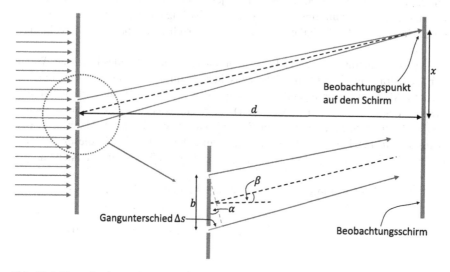

Abb. 10.6 Doppelspaltexperiment zur Beschreibung von Zweistrahlinterferenz

Für kleine Winkel α, also für $d \gg x$, gilt die Näherung:

$$\tan(\alpha) \approx \frac{x}{d} \approx \sin(\alpha) \approx \sin(\beta) \tag{10.25}$$

Damit finden wir eine nützliche Formel, um den Gangunterschied zu berechnen:

$$\Delta s \approx b\frac{x}{d} \tag{10.26}$$

10.4.3 Interferenz nutzen

Interferenzeffekte finden ganz konkrete praktische Anwendungen: Sie sorgen dafür, dass in Sonnenbrillen oder Kameraobjektiven Farben herausgefiltert, d. h. bestimmte Wellenlänge gelöscht werden. Dazu wird der Gangunterschied so gewählt, dass er einem ungeradzahligen Vielfachen der Wellenlänge entspricht. Dies erreichen wir durch dünne Schichten im Mikrometerbereich, die auf die Linsen aufgebracht werden.

Die Interferenzeffekte dünner Schichten können wir auch im alltäglichen Leben beobachten. Dazu gehören die Regenbogenfarben auf einem Ölfilm oder auf Seifenblasen. Das Prinzip ist immer das Gleiche. Zunächst trifft ein Lichtstrahl auf eine dünne Schicht, wie in Abb. 10.7 zu sehen. Ein Teil wird an der ersten Grenzfläche reflektiert (A) und der Rest in die Schicht gebrochen. Der gebrochene Teil trifft auf die Rückseite der dünnen Schicht (B). Hier wird er ebenfalls reflektiert und durch eine weitere Brechung (C) parallel zum Strahl, der an der Oberseite reflektiert wurde, abgelenkt. Beide Strahlen können jetzt interferieren. Der Weg zum Beobachtungspunkt (gemeinsamer Treffpunkt) ist allerdings unterschiedlich, sodass wir einen Gangunterschied erhalten. Dieser Gangunterschied entspricht der Strecke $\overline{AD}$ in Abb. 10.7.

Um den Gangunterschied zu berechnen, müssen wir Folgendes beachten. Wenn der Lichtstrahl an einer Grenzfläche zwischen einem optisch dünneren ins optisch dichtere Medium ($n_1 < n_2$) reflektiert wird, so tritt ein sogenannter Phasensprung (Was ist das? Nachlesen im Vokabelheft) von π auf, was einer optischen Weglänge von $\lambda/2$ entspricht. An einer Grenzfläche vom optisch dichteren Material in ein optisch dünneres, kommt es hingegen nicht zum Phasensprung. Mit diesem Wissen können wir folgende zwei Interferenzeffekte an dünnen Schichten untersuchen.

▶ **Merke** Der Gangunterschied bei Reflexion für den Fall, dass $n_1 < n_2 < n_3$ ist

$$\Delta s = 2d\sqrt{n_2^2 - n_1^2 \sin^2(\alpha)} \tag{10.27}$$

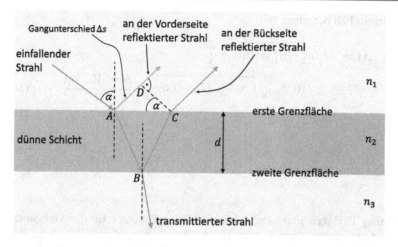

Abb. 10.7 Interferenz an einer dünnen Schicht

- Der Winkel α ist der Einfallswinkel.
- Sowohl an der ersten als auch an der zweiten Grenzfläche kommt es zum Phasensprung von jeweils $\lambda/2$.
- Beide Phasensprünge heben sich wieder auf, denn es gilt $\lambda/2 + \lambda/2 = \lambda$. Das entspricht null, da die Welle einmal in voller Länge verschoben ist.

▶ **Merke** Der Gangunterschied bei Reflexion für den Fall, dass $n_1 < n_2$ und $n_2 > n_3$ ist:

$$\Delta s = 2d\sqrt{n_2^2 - n_1^2 \sin^2(\alpha)} - \frac{\lambda}{2} \qquad (10.28)$$

- Hier kommt es an der ersten Grenzfläche zu einem Phasensprung von $\lambda/2$.
- An der zweiten Grenzfläche kommt es nicht zum Phasensprung.
- Der gesamte Phasensprung ergibt sich also zu $\lambda/2 + 0 = \lambda/2$. Entsprechend muss er berücksichtigt werden.

Beispiel

An einer $2\,\mu\text{m}$ dicken Seifenblase ($n_2 = 1{,}35$) wird ein Lichtstrahl mit der Wellenlänge $\lambda = 500\,\text{nm}$ reflektiert. Wir wollen den Gangunterschied bei einem Winkel von $\alpha = 30°$ berechnen. Beachten Sie dabei, dass der Brechungsindex in- und außerhalb der Seifenblase dem Brechungsindex der Luft entspricht ($n_1 = n_3 = 1$).

Lösung: Hier kommt es nur zum Phasensprung an der ersten Grenzschicht, also bei Einfall des Lichtstrahls von der Luft in die Seifenblase. An der Grenzschicht zur Luft in der Seifenblase entsteht kein Phasensprung. Der Gangunterschied wird in diesem Fall berechnet mit

$$\Delta s = 2d\sqrt{n_2^2 - n_1^2 \sin^2(\alpha)} - \frac{\lambda}{2} \tag{10.29}$$

$$= 2 \cdot 2 \cdot 10^{-6}\,\mathrm{m}\sqrt{1,35^2 - 1^2 \sin^2(30°)} - \frac{500 \cdot 10^{-9}\,\mathrm{m}}{2} \tag{10.30}$$

$$= 3,4\mu\mathrm{m} \tag{10.31}$$

Achtung Physiker/-innen und Professor/-innen benutzen für den Gangunterschied oft nur das Zeichen Δ anstatt Δs. Dies zeigt erneut, wie frei die physikalische Schreibweise ist. Wieso sich gerade diese verkürzte Schreibweise beim Gangunterschied etabliert hat, wissen wir nicht.

Wie kommt es aber nun zu den Regenbogenfarben auf einer dünnen Schicht, wie z. B. bei der Seifenblase? Diese entstehen, indem einige Wellenlängen konstruktiv und andere destruktiv interferieren. Dies hängt stark vom Einfallswinkel ab. Das Resultat ist, dass bei einem bestimmten Einfallswinkel nur ein Teil der Wellenlängen aus dem weißen Licht konstruktiv reflektieren können. Der Winkel ändert sich aber durch die Wölbung der Seifenblase, sodass wir Regenbogenfarben sehen. Auch eine Änderung der Schichtdicke führt dazu, dass unterschiedliche Wellenlängen konstruktiv interferieren. Ein Ölfilm erzeugt also die Regenbogenfarben aufgrund einer Schichtdickenvariation der Ölschicht. Und genau diesen Effekt nutzen wir schließlich, um Farbfilter herzustellen.

Beispiel

Auf eine Linse wird eine dünne Schicht ($n_2 = 1,4$) aufgebracht. Die Linse besitzt einen Brechungsindex von $n_3 = 1,5$. Wir wollen jetzt die notwendige Schichtdicke d berechnen, sodass wir eine konstruktive und eine destruktive Interferenz in der Reflexion beobachten können, wenn die Wellenlänge $\lambda = 500$ nm, der Brechungsindex von Luft $n_1 = 1$ und der Einfallswinkel 75° beträgt.
Lösung: In beiden Fällen gilt für den Gangunterschied:

$$\Delta s = 2d\sqrt{n_2^2 - n_1^2 \sin^2(\alpha)} \tag{10.32}$$

Bei einer konstruktiven Interferenz muss allerdings die folgende Bedingung erfüllt sein:

$$\Delta s = i\lambda \tag{10.33}$$

Damit erhalten wir:

$$2d\sqrt{n_2^2 - n_1^2 \sin^2(\alpha)} = i\lambda \qquad (10.34)$$

Wählen wir die minimale Schichtdicke, so gilt $i = 1$ und damit erhalten wir:

$$d = \frac{\lambda}{2\sqrt{n_2^2 - n_1^2 \sin^2(\alpha)}} = \frac{500 \cdot 10^{-9}\,\text{m}}{2\sqrt{1,4^2 - 1^2 \sin^2(75°)}} = 1,86 \cdot 10^{-7}\,\text{m} \qquad (10.35)$$

Bei einer destruktiven Interferenz muss die folgende Bedingung erfüllt sein:

$$\Delta s = (2i + 1)\frac{\lambda}{2} \qquad (10.36)$$

Wir wollen die Schicht wieder so dünn wie möglich halten. Deshalb wählen wir $i = 1$. Wir erhalten in diesen Fall:

$$2d\sqrt{n_2^2 - n_1^2 \sin^2(\alpha)} = \frac{3\lambda}{2} \qquad (10.37)$$

Die Schichtdicke berechnen Sie mit:

$$d = \frac{3\lambda}{4\sqrt{n_2^2 - n_1^2 \sin^2(\alpha)}} = \frac{3 \cdot 500 \cdot 10^{-9}\,\text{m}}{4\sqrt{1,4^2 - 1^2 \sin^2(75°)}} = 2,79 \cdot 10^{-7}\,\text{m} \qquad (10.38)$$

Übrigens: Mit dem Prinzip der Interferenz lassen sich auch einzelne Wellenlängen löschen. Das lässt sich nutzen, um sogenannte Antireflexschichten herzustellen. Sie werden genutzt, um die Reflexionen von Oberflächen wie Linsen oder Objektiven zu verhindern bzw. die Lichtdurchlässigkeit hier zu erhöhen.

In der Praxis hat es sich jedoch als nicht sinnvoll erwiesen, nur eine einzige Wellenlänge auszulöschen. Deshalb werden Farbfilter aus einem Schichtstapel hergestellt. Dieser Schichtstapel besteht aus mindestens zwei dünnen Schichten, die unterschiedliche Brechungsindizes besitzen. Diese beiden Schichten werden abwechselnd aufgebracht. Dieser Schichtstapel wird auch als Multischicht bezeichnet. Aus einem solchen Schichtstapel können z. B. extrem gute Spiegel hergestellt werden. Sie heißen Bragg-Spiegel oder dielektrische Spiegel. Das Besondere ist, dass sie mehr als 99,99 % des Lichts reflektieren. Herkömmliche Spiegel aus Metallen können ungefähr 90 % bis maximal 95 % des Lichts reflektieren, der Rest wird absorbiert.

10.5 Teilchencharakter des Lichts

Bisher haben wir das Licht als Welle beschrieben. Jetzt wollen wir uns die Teilchennatur des Lichts anschauen. Die Lichtteilchen werden als **Photonen** bezeichnet.

Wir wissen bereits, dass man jeder Wellenlänge eine konkrete Energie zuordnen kann. Gleichzeitig wird auch jedem Photon eine bestimmte Energie zugeordnet. Im

Umkehrschluss lassen sich also auch Photonen bestimmten Wellenlängen zuschreiben.

▶ Merke Die **Energie** des Lichts bzw. eines Photons ist:

$$E = h \frac{c_0}{\lambda} \qquad (10.39)$$

- Die Wellenlänge wird mit λ bezeichnet, das wissen Sie schon aus Kapitel „Schwingungen und Wellen".
- Das h steht für das Plancksche Wirkungsquantum, auch Planck-Konstante genannt: $h = 6{,}62607015 \cdot 10^{-34}$ Js. Es beschreibt das Verhältnis zwischen Energie und Frequenz eines Photons.

Sie wissen bereits, dass Lichtwellen auf Materie reagieren. Entsprechend lässt sich auch festhalten, dass Photonen mit Materie wechselwirken. Dieses Prinzip heißt photoelektrischer Effekt, lichtelektrischer Effekt oder kurz Photoeffekt. Zu diesem wiederum zählen Physiker/-innen drei Unterkategorien:

1. der äußere photoelektrische Effekt,
2. der innere photoelektrische Effekt,
3. die Photoionisation.

Diese drei Effekte haben vor allem eines gemeinsam: Trifft ein Photon auf Materie, hat dies zur Folge, dass ein Elektron aus einem Atom herausgelöst wird, indem es ein Photon absorbiert. Das gelingt allerdings nur, solange die Energie des Photons größer ist als die Bindungsenergie des Elektrons. Denn diese Bindungsenergie des Elektrons ist die Energie, die aufgebracht werden muss, um ein Elektron von einem Atom zu lösen. Abgesehen hiervon unterscheiden sich die photoelektrischen Effekte erheblich. Diese Unterschiede schauen wir uns jetzt an. Dabei konzentrieren wir uns auf den äußeren photoelektrischen Effekt. Er ist mit dem bisher in diesem Buch erworbenen Wissensstand gut zu verstehen und gleichzeitig für die ersten Semester am ehesten prüfungsrelevant.

▶ Merke Beim **äußeren photoelektrischen Effekt** wird ein Metall mit Licht bestrahlt. Solange das Licht ausreichend Energie besitzt, werden dadurch Elektronen von der Metalloberfläche gelöst. Hierfür muss das Elektron sogenannte Austrittsarbeit leisten. Diese wird berechnet mit:

$$W_A = h \frac{c}{\lambda} - E_{kin} = hf - E_{kin} \qquad (10.40)$$

- Diese Gleichung ist auch bekannt als Einstein-Gleichung.
- Der erste Term entspricht der Energie der Photonen, also dem einfallenden Licht.
- E_{kin} ist dagegen die kinetische Energie der herausgelösten Elektronen.
- Die Grenzfrequenz ist diejenige Frequenz, bei der die Elektronen vom Atom gelöst werden, aber keine zusätzliche kinetische Energie besitzen.
- Wenn die Frequenz des einfallenden Photons der Grenzfrequenz entspricht, so gilt: $W_A = hf_g$

Beispiel

Licht mit der Frequenz $1,3 \cdot 10^{15}$ Hz trifft auf eine Platte aus Kupfer. Die herausgelösten Elektronen besitzen eine kinetische Energie von $1,5 \cdot 10^{-19}$ J. Es soll jetzt die Austrittsarbeit und die Grenzfrequenz berechnet werden.
Lösung: Die Austrittsarbeit lässt sich berechnen mit

$$W_A = hf - E_{kin} \tag{10.41}$$

$$= 6{,}62607015 \cdot 10^{-34}\,\text{Js} \cdot 1{,}3 \cdot 10^{15}\,\text{Hz} - 1{,}5 \cdot 10^{-19}\,\text{J} \tag{10.42}$$

$$= 7{,}1 \cdot 10^{-19}\,\text{J} \tag{10.43}$$

Die Grenzfrequenz erhalten wir, wenn die kinetische Energie gleich null ist:

$$W_A = hf_g \tag{10.44}$$

Sie ergibt sich damit zu:

$$f_g = \frac{W_A}{h} = \frac{7{,}1 \cdot 10^{-19}\,\text{J}}{6{,}62607015 \cdot 10^{-34}\,\text{Js}} = 1{,}1 \cdot 10^{15}\,\text{Hz} \tag{10.45}$$

10.6 Optische Linsen

Optische Linsen sind sowohl im Alltag als auch in der Industrie weitverbreitet. Brillen, Kameras, Lupen, Mikroskope und Teleskope kommen nicht ohne sie aus. Ähnlich wie bei einem Prisma werden die einfallenden Strahlen zweimal gebrochen, wenn sie eine Linse durchqueren. Eine Linse könnte man sich auch als Stapel verschiedener Prismen vorstellen. Dieses einfache Modell ist in Abb. 10.8 gezeigt.

Im Folgenden wollen wir zwischen dicken und dünnen Linsen unterscheiden. Eine dicke Linse besitzt zwei Hauptebenen, eine dünne Linse nur eine einzige, wie in Abb. 10.9 zu sehen ist. Als Faustregel gilt: Wenn die Dicke d der Linse sehr viel kleiner als die Kugelradien R ist, so spricht man von einer dünnen Linse.

Abb. 10.8 Ein Stapel
verschiedener Prismen bildet
eine Linse

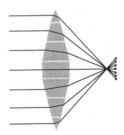

10.6.1 Abbildung durch Linsen

Linsen dienen in erster Linie dem Zweck, ein Bild erneut abzubilden – und zwar
kleiner, größer oder eins zu eins. Eine relativ dünne Linse ist in Abb. 10.10 gezeigt.
Um zu verstehen, wie das funktioniert, schauen wir zunächst verschiedenen Strahlentypen an:

- Der **Mittelpunktstrahl** verläuft durch den Mittelpunkt der Linse und wird nicht
  gebrochen.
- Der **Parallelstrahl** verläuft parallel zur optischen Achse und wird an der
  Hauptebene der Linse gebrochen.
- Der **Brennpunktstrahl** ist der gebrochene Parallelstrahl und verläuft immer
  durch den Brennpunkt.

In Abb. 10.10 können wir sehen, dass es mit Hilfe dieser Strahlen möglich ist, aus
einem Gegenstand G mit der Gegenstandsweite g ein Bild B mit der Bildweite b zu
konstruieren. Dabei treffen sich der Brennpunktstrahl und der Mittelpunktstrahl auf
der Abbildungsseite. Dadurch bestimmen sie die Bildgröße.

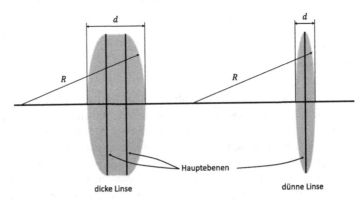

Abb. 10.9 Eine dicke und eine dünne Linse im Vergleich

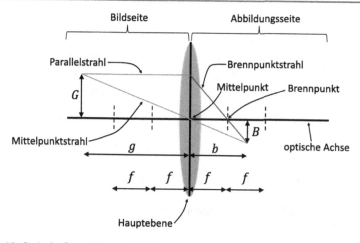

Abb. 10.10 Optische Sammellinse mit Bildkonstruktion

▶ **Merke** Das Verhältnis von Bildgröße zu Gegenstandsgröße wird als **Abbildungsmaßstab** bezeichnet:

$$\beta = \frac{B}{G} = \frac{b}{g} \qquad (10.46)$$

- Das Verhältnis der Bildweite zur Gegenstandsweite hat das gleiche Verhältnis wie Bildgröße zu Gegenstandsgröße.
- Der Abbildungsmaßstab wird maßgeblich von der Position des Gegenstands bestimmt.

▶ **Merke** Die **Abbildungsgleichung** für dünne Linsen ist gegeben durch:

$$\frac{1}{f} = \frac{1}{g} + \frac{1}{b} \qquad (10.47)$$

Als **Brechkraft** wird der Kehrwert der Brennweite bezeichnet:

$$D = \frac{1}{f} \qquad (10.48)$$

- Die Abbildungsgleichung wird manchmal auch als Linsengleichung bezeichnet.
- Sie gibt die Beziehung zwischen Gegenstandsweite g, Bildweite b und Brennweite f an.
- Die Abbildungsgleichung für dünne Linsen wird auch als Linsenschleiferformel bezeichnet.

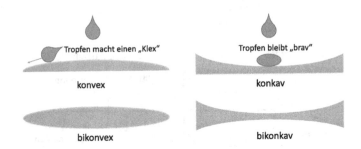

Abb. 10.11 Konkave, konvexe, bikonkave und bikonvexe Linsen

- Die Brechkraft wird oft in der Augenoptik bzw. bei Brillengläsern verwendet und auch als Brechwert bezeichnet.

Die Einheit der Brechkraft ist Dioptrie:

$$[D] = dpt \tag{10.49}$$

Die SI-Einheit der Brechkraft ist m^{-1}.

10.6.2 Konkave und konvexe Linsen

Physiker/-innen unterscheiden konvexe und konkave Linsen. Konvex bedeutet nach außen gewölbt. Konkav wiederum bedeutet nach innen gewölbt, wie Abb. 10.11 zeigt. Um diese beiden Begriffe auseinanderzuhalten, helfen diese zwei Eselbrücken: Konkav für Innenwölbung erinnert an das verwandte englische Wort für Höhle „cave". Oder Sie merken sich diesen Reim: Ist die Linse konvex, macht der Tropfen einen Klex. Bleibt der Tropfen brav, ist sie konkav (Abb. 10.11). Außerdem arbeitet die Optik auch mit bikonvexen und bikonkaven Linsen – also Wölbungen auf beiden Seiten. „Bi" stammt aus dem Lateinischen und bedeutet so viel wie zwei, doppelt oder beide.

Abb. 10.12 zeigt ein Beispiel. Hier sind drei sogenannte dünne bikonvexe Linsen konstruiert. Im ersten Fall liegt der Gegenstand genau bei $2f$. Das resultierende Bild auf der Abbildungsseite entsteht ebenfalls bei $2f$. Das heißt, es gilt $g = b = 2f$ und damit auch $G = B$ und $\beta = 1$. Im zweiten Fall liegt der Gegenstand zwischen der ersten und zweiten Brennweite ($2f > g > f$). Das führt zu Vergrößerung: Das Bild ist größer als der ursprüngliche Gegenstand ($B > G$) und liegt außerhalb der zweifachen Brennweite ($b > 2f$). Im dritten Fall liegt der Gegenstand außerhalb der zweifachen Brennweite ($g > 2f$). Dies führt zu Verkleinerung des Bildes ($B < G$, das sich zwischen der ersten und der zweiten Brennweite befindet ($2f > b > f$).

Eine nützliche Besonderheit sehen Sie nun noch in Abb. 10.13. Sie zeigt eine Linse, die als Lupe verwendet werden kann. Dafür muss der Gegenstand innerhalb der Brennweite stehen ($f > g$).

Abb. 10.12 Bildkonstruktion
bei unterschiedlichen
Brennweiten

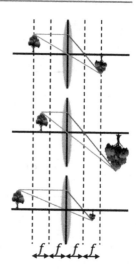

10.6.3 Linsensysteme

Bei einem sogenannten Linsensystem werden mehrere Linsen hintereinander angeordnet.

Um die Brechkraft eines solchen **Linsensystems** zu berechnen, addieren wir einfach die Brechkräfte der einzelnen Linsen. Die resultierende Brechkraft ergibt sich aus der Summe:

$$D = D_1 + D_2 + D_3 + \ldots = \frac{1}{f_1} + \frac{1}{f_2} + \frac{1}{f_3} + \ldots \qquad (10.50)$$

Linsensysteme werden in der Praxis verwendet, um sogenannte **Abbildungsfehler** zu korrigieren. Abbildungsfehler werden in der Optik als Aberrationen bezeichnet.

Abb. 10.13 Wenn der
Gegenstand innerhalb der
Brennweite steht ($f > g$), so
kann die optische Linse als
Lupe verwendet werden

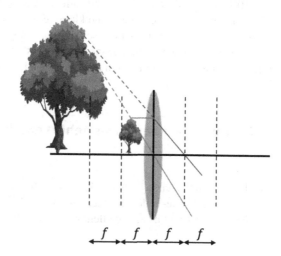

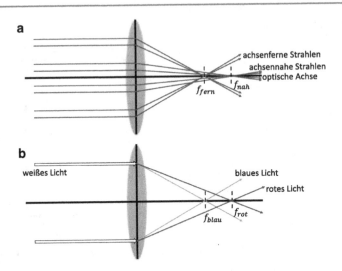

Abb. 10.14 (**a**) Bei der sphärischen Aberration haben achsennahe und achsenferne Strahlen unterschiedliche Brennpunkte. (**b**) Die chromatische Aberration zeigt unterschiedliche Brennweiten für verschiedene Wellenlängen

▶ **Merke** Physiker/-innen unterscheiden folgende Aberrationen:

1. Die sogenannte **sphärische Aberration.** Die Strahlen nahe der optischen Achse verfügen über eine größere Brennweite als Strahlen, die sich weiter weg befinden.
2. Die **chromatische Aberration.** Sie führt dazu, dass Lichtstrahlen mit größerer Wellenlänge eine größere Brennweite besitzen als Strahlen mit kleiner Wellenlänge.

Abb. 10.14a zeigt die sphärische Aberration. Es ist deutlich zu sehen, dass die Strahlen am äußeren Rand der Linse eine kleinere Brennweite besitzen als die Strahlen, die mittig, also in der Nähe der optischen Achse, liegen ($f_{nah} > f_{fern}$). Abb. 10.14b zeigt die chromatische Aberration, bei der das Licht mit kürzeren Wellenlängen (blau) auch kleinere Brennweiten besitzt, als Licht mit größeren Wellenlängen (rot). Es gilt also $f_{blau} < f_{rot}$.

10.7   Kurz und knapp: Das gehört auf den Spickzettel

- Licht verhält sich in manchen Experimenten wie Wellen und in anderen wie Teilchen (Welle-Teilchen-Dualismus).
- Sichtbares Licht besitzt Wellenlängen zwischen 380 nm und 750 nm.

- Die Lichtgeschwindigkeit im Vakuum wird berechnet mit:

$$c_0 = \frac{\lambda}{T} = 299792458 \frac{\text{m}}{\text{s}}$$

- Für Lichtgeschwindigkeit im Material gilt:

$$c = \frac{c_0}{n}$$

- Fermatsches Prinzip: Das Licht nimmt nicht den kürzesten, sondern den schnellsten Weg.
- Diese optische Weglänge ist definiert als:

$$L_{opt} = nL$$

- Das Brechungsgesetz beschreibt die Richtungsänderung des einfallenden Lichtstrahls am Übergang in ein anderes Material:

$$\frac{\sin(\alpha)}{\sin(\beta)} = \frac{n_2}{n_1}$$

- Weil $\sin(90°) = 1$ ist, erhalten wir mit dem Brechungsgesetz den Grenzwinkel:

$$\sin(\alpha_g) = \frac{n_2}{n_1}$$

- Für die Totalreflexion gilt:

$$\sin(\alpha) > \frac{n_2}{n_1}$$

- Der Ablenkwinkel für ein gleichschenkliges Prisma wird berechnet mit:

$$\delta = \alpha_1 - \beta_1 + \alpha_2 - \beta_2$$

- Man spricht von einer normalen Dispersion, wenn

$$\frac{\mathrm{d}n}{\mathrm{d}\lambda} < 1$$

- Man spricht von einer anormalen Dispersion, wenn

$$\frac{\mathrm{d}n}{\mathrm{d}\lambda} > 1$$

- Die Abbe'sche Zahl ist definiert durch:

$$v = \frac{n_D - 1}{n_F - n_C}$$

- Die Phasendifferenz zweier Lichtwellen ist:

$$\Delta\Phi = \phi_2 - \phi_1$$

- Konstruktive Interferenz tritt auf, wenn der Gangunterschied ein ganzzahliges Vielfaches der Wellenlänge beträgt:

$$\Delta s = i\lambda$$

- Destruktive Interferenz tritt auf, wenn der Gangunterschied ein ungeradzahliges Vielfaches der Wellenlänge ist:

$$\Delta s = (2i + 1)\frac{\lambda}{2}$$

- Um den Gangunterschied in einen Phasenunterschied umzuwandeln, verwenden wir die Wellenzahl:

$$\Delta\phi = k\,\Delta s = \frac{2\pi}{\lambda}\Delta s$$

- Der Gangunterschied bei Reflexion an einer dünnen Schicht für den Fall, dass $n_1 < n_2 < n_3$ ist:

$$\Delta s = 2d\sqrt{n_2^2 - n_1^2 \sin^2(\alpha)}$$

- Der Gangunterschied bei Reflexion an einer dünnen Schicht für den Fall, dass $n_1 < n_2$ und $n_2 > n_3$ ist:

$$\Delta s = 2d\sqrt{n_2^2 - n_1^2 \sin^2(\alpha)} - \frac{\lambda}{2}$$

- Die Energie des Lichts bzw. eines Photons wird berechnet mit:

$$E = h\frac{c_0}{\lambda}$$

- Die Austrittsarbeit eines Elektrons aufgrund einer Absorption eines Photons wird berechnet mit:

$$W_A = h\frac{c}{\lambda} - E_{kin} = hf - E_{kin}$$

- Das Verhältnis von Bildgröße zu Gegenstandsgröße wird als Abbildungsmaßstab bezeichnet:

$$\beta = \frac{B}{G} = \frac{b}{g}$$

- Die Abbildungsgleichung für dünne Linsen ist gegeben durch:

$$\frac{1}{f} = \frac{1}{g} + \frac{1}{b}$$

- Als Brechkraft wird der Kehrwert der Brennweite bezeichnet:

$$D = \frac{1}{f}$$

- Die resultierende Brechkraft für ein Linsensystem ist:

$$D = D_1 + D_2 + D_3 + \ldots = \frac{1}{f_1} + \frac{1}{f_2} + \frac{1}{f_3} + \ldots \tag{10.51}$$

- Sphärische Aberration: Die Strahlen nahe der optischen Achse verfügen über eine größere Brennweite als Strahlen, die sich weiter weg befinden.
- Chromatische Aberration: Sie führt dazu, dass Lichtstrahlen mit größerer Wellenlänge eine größere Brennweite besitzen als Strahlen mit kleiner Wellenlänge.

10.8 Gut vorbereitet?

Diese Aufgaben könnten Sie in der schriftlichen Prüfung erwarten:

1. Berechnen Sie den Grenzwinkel, wenn das Licht von Flintglas ($n_1 = 1,6128$) auf Luft ($n_2 = 1$) trifft.
2. Wandeln Sie den Weg $x = 10\,\text{m}$ in eine Phase um, wenn die Wellenlänge von $\lambda = 2\,\text{m}$ besitzt.
3. Wie groß ist die Energie eines Photons mit der Wellenlänge $\lambda = 500\,\text{nm}$?
4. Licht mit der Wellenlänge $\lambda = 590\,\text{nm}$ trifft auf einen Doppelspalt. Auf einem Beobachtungsschirm in $d = 4\,\text{m}$ Entfernung wird der Abstand zwischen zwei hellen Streifen gemessen ($x = 5\,\text{mm}$). Wie groß ist der Spaltabstand b?
5. Licht mit der Wellenlänge $\lambda = 600\,\text{nm}$ trifft auf einen Doppelspalt. Auf einem Beobachtungsschirm in $d = 4\,\text{m}$ Entfernung wird der Abstand zwischen zwei hellen Streifen gemessen ($x = 5\,\text{mm}$). Wie groß ist der Spaltabstand b?
6. Berechnen Sie die Brechkraft für eine Linse mit $f = 3\,\text{cm}$.

Diese Fragen könnten Sie in der mündlichen Prüfung erwarten:

1. Beschreiben Sie den Welle-Teilchen-Dualismus.
2. Welche Wellenlängen besitzt sichtbares Licht?
3. Wie ist die Lichtgeschwindigkeit in Vakuum und in einem Material definiert?
4. Was besagt das Fermatsche Prinzip?
5. Was ist der Unterschied zwischen einer optischen und einer geometrischen Weglänge?
6. Wie ist der Grenzwinkel der Totalreflexion definiert?
7. Beschreiben Sie den Ablenkwinkel eines Dispersionsprisma.
8. Was verstehen Sie unter Dispersion?
9. Wann spricht man von einer normalen und wann von einer anormalen Dispersion?
10. Was beschreibt die Abbe'sche Zahl?
11. Mit welcher Größe wandeln Sie einen Gangunterschied in eine Phase um? Wie ist diese Größe definiert?
12. Beschreiben Sie die Formel zur Berechnung der Energie eines Photons.
13. Was ist eine Austrittsarbeit? Beschreiben Sie die Formel der Austrittsarbeit.
14. Was wird als Abbildungsmaßstab und was als Abbildungsgleichung bezeichnet? Beschreiben Sie die Formeln.
15. Wie ist die Brechkraft definiert und welche Einheit besitzt sie?
16. Beschreiben Sie sphärische und chromatische Aberration.

11.1 Vokabelheft: Wissen, was Professor/-innen meinen

- **Axiom:** Ein Axiom ist ein Grundsatz einer Theorie, der nicht bewiesen, sondern vorausgesetzt wird. Bestes Beispiel: die Newtonschen Axiome.
- **Amplitude:** Die Amplitude bezeichnet bei einer Schwingung die maximale Entfernung vom Ruhepunkt.
- **Auslenkung (einer Schwingung):** Die Auslenkung oder Elongation einer Schwingung ist die Entfernung eines Punktes von seiner Ruhelage. Die maximale Auslenkung heißt Amplitude.
- **Dipolmoment:** Das elektrische Dipolmoment bezeichnet eine räumliche Ladungstrennung. Beispiel: Befinden sich in einem Körper ein Elektron und ein Proton, ohne zusammenzufallen, besitzt der Körper ein elektrisches Dipolmoment.
- **Expansion:** Räumliche Ausdehnung bzw. Vergrößerung. Zum Beispiel kann sich das Gasvolumen bei steigender Temperatur vergrößern, also expandieren.
- **Konstante:** In der Physik bezeichnet eine Konstante bzw. Naturkonstante eine physikalische Größe, deren Wert unveränderbar ist.
- **Flintglas:** Optisches Flintglas ist Glas mit einer Abbe-Zahl kleiner als 50.
- **Fraunhoferlinien:** Die Fraunhoferlinien oder Fraunhofer'schen Linien sind sogenannte dunkle Linien im Licht der Sonne. Sie entstehen durch Gase rund um den Stern und geben Rückschlüsse auf die chemische Zusammensetzung und dortige Temperatur.
- **Harmonische Schwingung / harmonische Welle:** In der Physik gelten Schwingungen und Wellen als harmonisch, wenn sie durch eine Sinus- oder Kosinusfunktion beschrieben werden kann.
- **Ideal:** Im Buch ist immer wieder die Rede von Idealen. Ideal bedeutet an dieser Stelle, dass wir nur Modellvorstellungen als Grundlage für physikalische Charak-

© Springer-Verlag GmbH Deutschland, ein Teil von Springer Nature 2021
P. Steglich und K. Heise, *Vorkurs Physik fürs MINT-Studium*,
https://doi.org/10.1007/978-3-662-62126-4_11

terisierungen und Berechnungen heranziehen – und nicht die deutlich komplexere Realität. Denn trotz Vereinfachung lässt sich hiermit vieles besser verstehen.

- **Innere Reibung:** Bei (innerer) Reibung bzw. Friktion oder Reibungswiderstand handelt es sich um eine Kraft. Sie wirkt zwischen Körpern oder Teilchen, die sich bewegen und dabei berühren. Diese Reibungskraft erschwert die Bewegung. Das heißt, um die Bewegung dennoch zu erzeugen, ist Arbeit notwendig.

- **Isotherm:** Isotherm setzt sich zusammen aus den griechischen Worten „isos" (gleich) und „thermós" (warm). Es bedeutet, dass die Temperatur auch nach einer physikalischen Zustandsänderung gleich bleibt.

- **Kreisfrequenz:** Die Kreisfrequenz oder Winkelfrequenz misst als physikalische Größe die Schnelligkeit einer Schwingung.

- **Kompression:** Zusammenpressen von Gasen mit Erhöhung des Drucks und Verkleinerung des Volumens.

- **Kopplungskräfte:** Als Kopplungskräfte werden die Kräfte bezeichnet, die Teilchen im Festkörper und in Flüssigkeiten zusammenhalten. Die Teilchen sind also über Kräfte miteinander gekoppelt.

- **Kronglas:** Kronglas ist ein Begriff aus der Herstellung farbkorrigierter Linsen. Es bezeichnet alle optischen Gläser mit einer Abbe-Zahl größer 50.

- **Laminare Strömung:** Die laminare Strömung, auch Laminarströmung, stammt vom lateinischen „lamina" für Platte. Es geht um sich bewegende Flüssigkeiten und Gase, die in Schichten nebeneinanderher strömen, ohne sich zu vermischen. Dabei treten keine sichtbaren Turbulenzen auf.

- **Monochromatisches Licht:** Das Wort monochromatisch stammt vom griechischen „mono-chromos", was so viel bedeutet wie „eine Farbe". Hiermit ist in der Physik elektromagnetische Strahlung genau einer Wellenlänge gemeint.

- **Periodizität:** Periodizität, auch Turnus oder Wiederkehr genannt, meint eine regelmäßig wieder auftretende Eigenschaft oder einen entsprechenden Vorgang.

- **Perpetuum mobile:** Ein Perpetuum mobile ist ein Gerät, dass ohne weitere Energiezufuhr ewig in Bewegung bleibt bzw. Arbeit verrichtet. So ein Gerät gibt es nicht.

- **Phase eines Materials:** In der Physik steht Phase für einen Bereich, in dem Materialeigenschaften, etwa die Dichte, oder der Brechungsindex homogen sind.

- **Phase einer Welle:** Die Phase einer Welle legt fest, wie groß ihre Auslenkung ist. Abstrahiert kann man auch sagen: Sie definiert, in welchem Abschnitt innerhalb einer Periode sich die Welle zu einem bestimmten Zeitpunkt und Ort befindet.

- **Phasenlage:** Die Phasenlage oder auch Phasenverschiebung oder Phasendifferenz ist ein Begriff im Zusammenhang mit Periodizität. Konkret geht es um Sinusschwingungen, die gegeneinander verschoben sind, das heißt, dass ihre Periodendauern übereinstimmen, aber nicht die Zeitpunkte ihrer Nulldurchgänge.

- **Phasensprung:** Der Phasensprung bezieht sich auf die Phase einer Welle, die sich plötzlich ändert.

- **Permittivität:** Permittivität stammt vom lateinischen „permittere", was erlauben oder zulassen heißt. In der Physik steht der Begriff u. a. für die Leitfähigkeit eines Dielektrikums, also einer elektrisch eher schwach- oder auch nichtleitenden Substanz.

- **Probeladung:** Eine Probeladung bezeichnet eine gedachte idealisierte Ladung. Sie hat die Form eines Punkts und keinen Einfluss auf das untersuchte Feld. Sie wird genutzt, um das Verhalten von elektromagnetischen Feldern zu untersuchen.
- **Überdruck:** Druck, der relativ zum Luftdruck gemessen wird.
- **Oszillator:** Ein Oszillator ist ein System, das schwingen kann – also eine andauernde Veränderung zwischen zwei Zuständen beschreibt.
- **Quellladung:** Die Ladung, die das elektrische Feld erzeugt, welches betrachtet wird.
- **Superpositionsprinzip:** Unter Superposition, auch Superpositionsprinzip, versteht man in der Physik eine Überlagerung gleicher physikalischer Größen, die sich dabei nicht gegenseitig behindern.
- **Stoffmenge:** Die Stoffmenge bezeichnet die Teilchenzahl einer Stoffportion. Teilchen meint dabei Ionen, Atome, Moleküle oder auch Elektronen.
- **Transversalwelle:** Eine Transversalwelle breitet sich senkrecht zu ihrer Schwingungsrichtung aus. Sie wird daher auch Längswelle genannt.
- **Longitudinalwelle:** Die Longitudinalwelle breitet sich parallel zu ihrer Schwingungsrichtung aus, sie wird auch Querwelle genannt.
- **Zustandsgröße:** Eine Zustandsgröße beschreibt einerseits ein physikalisches System, wird aber im Rahmen der Betrachtung als Variable angesehen. Das heißt, dass sie vom momentanen Zustand des Systems abhängt, also unabhängig ist vom Weg, auf dem dieser Zustand erreicht wird. Kurz: Sie beschreibt eine konkrete Eigenschaft eines konkreten Zustands.

11.2 Lösungen

11.2.1 Kap. 1

1. Geschwindigkeit v, Druck p, Kraft F, elektrische Spannung U, Drehmoment M, Vorschub f, Drehzahl n, Fallbeschleunigung g
2. Länge, Zeit, Masse, Temperatur, elektrische Stromstärke, Stoffmenge, Lichtstärke
3. m, s, kg, A, K, mol, cd
4. $4,5 \, \text{mm} = 4,5 \cdot 10^{-3} \, \text{m}$; $12 \cdot 10^3 \, \text{nm} = 124,5 \cdot 10^{-6} \, \text{m}$; $4,3 \cdot 10^7 \, \text{pm} = 4,3 \cdot 10^{-5} \, \text{m}$; $5,3 \cdot 10^4 \, \text{dm} = 5,3 \cdot 10^2 \, \text{m}$; $0,02 \, \text{Gm} = 2 \cdot 10^7 \, \text{m}$; $1,768 \, \text{km} = 1768 \, \text{m}$.
5. $4 \, \text{Mg} = 4 \cdot 10^3 \, \text{kg}$; $5,2 \cdot 10^{-3} \, \text{g} = 5,2 \cdot 10^{-6} \, \text{kg}$; $2345 \, \text{mg} = 2345 \cdot 10^{-6} \, \text{kg}$; $1,2 \cdot 10^8 \, \mu\text{g} = 12 \, \text{kg}$; $0,45 \cdot \text{dg} = 0,45 \cdot 10^{-5} \, \text{kg}$; $9 \cdot 10^5 \, \text{g} = 9 \cdot 10^2 \, \text{kg}$
6. $10 \, \text{m/s} = 36 \, \text{km/h}$; $0,5 \, \text{m/s} = 1,8 \, \text{km/h}$; $4,5 \cdot 10^3 \, \text{m/min} = 270 \, \text{km/h}$; $8400 \, \text{km/s} = 504.000 \, \text{km/h}$
7. $36 \, \text{km/h} = 10 \, \text{m/s}$; $108 \, \text{km/h} = 30 \, \text{m/s}$; $7 \cdot 10^3 \, \text{km/s} = 252 \cdot 10^5 \, \text{m/s}$; $24 \, \text{m/min} = 0,4 \, \text{m/s}$; $100 \, \text{km/h} = 27,77 \, \text{m/s}$.

11.2.2 Kap. 2

1.

a_x	Momentane Beschleunigung in x-Richtung
$\dot{x}$	Momentane Geschwindigkeit in x-Richtung
T	Periodendauer
$\dot{v}_x$	Momentane Beschleunigung in x-Richtung
$\ddot{x}$	Momentane Beschleunigung in x-Richtung
a_z	Momentane Beschleunigung in z-Richtung
f	Frequenz
$\dot{z}$	Momentane Geschwindigkeit in z-Richtung
$\dot{v}_y$	Momentane Beschleunigung in z-Richtung
$\bar{v}_x$	Mittlere Geschwindigkeit in x-Richtung
n	Drehzahl

2. Bei konstanter Geschwindigkeit können wir die Definition der mittleren Geschwindigkeit verwenden:

$$\bar{v}_x = \frac{\Delta x}{\Delta t} = \frac{x_2 - x_1}{t_2 - t_1} = \frac{500\,\text{m} - 0\,\text{m}}{15\,\text{s} - 0\,\text{s}} = 33,3\,\frac{\text{m}}{\text{s}}$$

3. Die Seiltrommel einer Baumwinde hebt eine Kiste mit einer konstanten Geschwindigkeit von 110 m/min auf eine Höhe von 55 m. Wie viel Zeit benötigt es für diesen Vorgang? Da es sich um eine Höhenangabe handelt, wird üblicherweise die z-Achse betrachtet. Bei einer konstanten Geschwindigkeit können wir die mittlere Geschwindigkeit nutzen:

$$\bar{v}_z = \frac{\Delta z}{\Delta t}$$

Wenn wir nach Δt umstellen, so erhalten wir die gesuchte Zeit:

$$\Delta t = \frac{\Delta z}{\bar{v}_z} = \frac{55\,\text{m} - 0\,\text{m}}{110\,\text{m/min}} = 0,5\,\text{min} = 30\,\text{s}$$

4. Ein Auto fährt eine Strecke von 175 km in 4,2 h. Bestimmen Sie die mittlere Geschwindigkeit des Fahrzeugs in km/h und in m/s. Die mittlere Geschwindigkeit in km/h ist:

$$\bar{v}_x = \frac{\Delta x}{\Delta t} = \frac{x_2 - x_1}{t_2 - t_1} = \frac{175\,\text{km} - 0\,\text{km}}{4,2\,\text{h} - 0\,\text{h}} = 41,7\,\frac{\text{km}}{\text{h}}$$

Wir können dieses Ergebnis mit 3,6 dividieren, um die mittlere Geschwindigkeit in m/s zu erhalten:

$$\bar{v}_x = \frac{41,7\,\text{km/h}}{3,6} = 11,6\,\frac{\text{m}}{\text{s}}$$

5. Zunächst müssen wir über den gegebenen Winkel den zurückgelegten Weg berechnen:

$$\Delta x = \frac{35\,\text{m}}{\sin(55°)} = 42,7\,\text{m}$$

Damit können wir jetzt die mittlere Geschwindigkeit berechnen:

$$\bar{v}_x = \frac{\Delta x}{\Delta t} = \frac{42,7\,\text{m}}{7\,\text{min}} = 6,1\,\frac{\text{m}}{\text{min}}$$

6. Die Weg-Zeit-Funktion für Fahrzeug A ist:

$$x_A = v_{xA}t + x_{0A}$$

Dabei ist $x_{0A} = \Delta x = 150\,\text{m}$ der Anfangsweg bzw. der Vorsprung von Fahrzeug A gegenüber Fahrzeug B. Die Weg-Zeit-Funktion für Fahrzeug B ist:

$$x_B = v_{xB}t$$

Die beiden Fahrzeuge treffen sich, wenn beide Funktionen gleich groß sind:

$$x_A = x_B$$
$$v_{xA}t + x_{0A} = v_{xB}t$$

Damit erhalten wir die gesuchte Zeit:

$$t = \frac{x_{0A}}{v_{xB} - v_{xA}} = \frac{150\,\text{m}}{90\,\text{km/h} - 72\,\text{km/h}} = \frac{150\,\text{m}}{25\,\text{m/s} - 20\,\text{m/s}} = 30\,\text{s}$$

7. Das v-t-Diagramm für diese Bewegung ist:

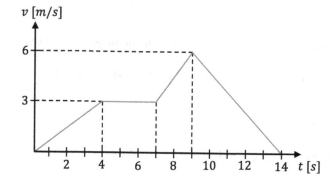

11.2.3 Kap. 3

1. Ergänzen Sie die folgende Tabelle:

F_x	Kraft in x-Richtung
$\dot{m}$	Zeitliche Ableitung der Masse
p_x	Impuls in x-Richtung
Δx	Wegdifferenz in x-Richtung
F_y	Kraft in y-Richtung
F_g	Gewichtskraft
F_G	Gravitationskraft
$\dot{\mathbf{p}}$	Zeitliche Ableitung des Impulsvektors

2. In diesem Fall wirkt die Gewichtskraft:

$$F_g = mg = (50\,\text{kg} + 20\,\text{kg}) \cdot 9{,}81\,\text{m/s}^2 = 686{,}7\,\text{N}$$

3. Hier wirkt die Verformungskraft (Federkraft) als Gegenkraft zur Gewichtskraft. Es gilt also $F_g = F_F = k\Delta x$. Durch Umstellen nach der Federkonstanten erhalten wir:

$$k = \frac{F_g}{\Delta x} = \frac{mg}{\Delta x} = \frac{2\,\text{kg} \cdot 9{,}81\,\text{m/s}^2}{5\,\text{cm}} = 3{,}9\,\text{N/cm}$$

4. Der Haftreibungskoeffizient wird berechnet mit:

$$\mu = \tan(\alpha) = \tan(35°) = 0{,}7$$

5 Da die Beschleunigungskraft der Gewichtskraft entgegenwirkt, ist die resultierende Kraft gegeben mit:

$$F_{res} = F_B - F_g = ma$$

Wenn wir nach F_B umstellen, so erhalten wir die gesuchte Kraft:

$$F_B = ma + F_g = 10\,\text{kg} \cdot 1\,\text{m/s}^2 + 10\,\text{kg} \cdot 9{,}81\,\text{m/s}^2 = 108{,}1\,\text{N}$$

11.2.4 Kap. 4

1. Die Hubarbeit berechnet sich mit:

$$W_H = mg\Delta z = 5\,\text{kg} \cdot 9{,}81\,\text{m/s}^2 \cdot 2\,\text{m} = 98{,}1\,\text{J}$$

2. Die kinetische Energie bei $v_{x1} = 5\,\text{m/s}$ ist:

$$E_{kin1} = \frac{m}{2}v_{x1}^2 = \frac{1500\,\text{kg}}{2} \cdot (5\,\text{m/s})^2 = 18.750\,\text{J}$$

Die kinetische Energie bei $v_{x2} = 7\,\text{m/s}$ ist:

$$E_{kin2} = \frac{m}{2}v_{x2}^2 = \frac{1500\,\text{kg}}{2} \cdot (7\,\text{m/s})^2 = 36.750\,\text{J}$$

Die benötigte Arbeit kann berechnet werden mit:

$$W = \Delta E = E_{kin2} - E_{kin1} = 36.750\,\text{J} - 18.750\,\text{J} = 18\,\text{kJ}$$

3. Hier wirkt die Verformungskraft (Federkraft) als Gegenkraft zur Gewichtskraft. Es gilt also $F_g = F_F = k\Delta x$. Durch Umstellen nach der Federkonstanten erhalten wir:

$$k = \frac{F_g}{\Delta x} = \frac{7,5\,\text{N}}{3\,\text{cm}} = 2,5\,\text{N/cm}$$

Mit den Angaben $x_1 = 3\,\text{cm}$ und $x_2 = 3\,\text{cm} + 5\,\text{cm} = 8\,\text{cm}$ kann die Verformungsarbeit (Spannarbeit) berechnet werden mit:

$$W_S = \frac{k}{2}(x_2^2 - x_1^2) = \frac{2,5\,\text{N/cm}}{2}((8\,\text{cm})^2 - (3\,\text{cm})^2) = 68,75\,\text{Ncm} = 0,6875\,\text{J}$$

4. Ein Kraftfahrzeug mit der Masse 1000 kg fährt mit einer Geschwindigkeit von 10 m/s. Bestimmen Sie:

a. Die kinetische Energie des Fahrzeugs ist:

$$E_{kin} = \frac{m}{2}v_x^2 = \frac{1000\,\text{kg}}{2} \cdot (10\,\text{m/s})^2 = 5000\,\text{J}$$

b. Die notwendige Fallhöhe erhalten wir über die potenzielle Energie, die genauso groß sein muss wie die kinetische Energie:

$$E_{pot} = mgz = 5000\,\text{J}$$

Damit ergibt sich die Höhe zu:

$$z = \frac{E_{pot}}{mg} = \frac{5000\,\text{J}}{1000\,\text{kg} \cdot 9,81\,\text{m/s}^2} = 0,5\,\text{m}$$

11.2.5 Kap. 5

1. Der Schweredruck kann direkt berechnet werden mit:

$$p_s = \rho g \Delta z = 997 \, \text{kg/m}^3 \cdot 9{,}81 \, \text{m/s}^2 \cdot 0{,}5 \, \text{m} = 4890 \, \text{Pa}$$

2. Die barometrische Höhenformel ist in diesem Fall gegeben mit:

$$p_L = p_0 e^{-\frac{\rho_0 g z}{p_0}} = \frac{p_0}{2}$$

Umstellen nach z liefert die gesuchte Höhe:

$$z = \frac{-p_0 \ln(0{,}5)}{\rho_0 g} = \frac{-101325 \, \text{Pa} \cdot \ln(0{,}5)}{1{,}293 \, \text{kg/m}^3 \cdot 9{,}81 \, \text{m/s}^2} = 5537 \, \text{m}$$

3. Der Strom in einem Rohr ist gegeben durch:

$$I = A v_x$$

Damit können wir die Geschwindigkeit direkt ausrechnen:

$$v_x = \frac{I}{A} = \frac{I}{\pi r^2} = \frac{10 \, \text{m}^{3/\text{s}}}{\pi \cdot (0{,}1 \, \text{m})^2} = 318{,}3 \, \text{m/s}$$

4. Die Kontinuitätsgleichung ist gegeben mit:

$$A_1 v_{x1} = A_2 v_{x2}$$

Mit der Annahme, dass $v_{x2} = 2 v_{x1}$, erhalten wir:

$$A_2 = \frac{A_1}{2}$$

Setzen wir die Formel für eine Kreisfläche ein, so erhalten wir für den gesuchten Radius:

$$r_2 = \frac{r_1}{\sqrt{2}} = \frac{100 \, \text{mm}}{\sqrt{2}} = 70{,}7 \, \text{mm}$$

5. Die Bernoulli-Gleichung ohne Schweredruck ist gegeben mit:

$$\frac{\rho}{2} v_1^2 + p_1 = \frac{\rho}{2} v_2^2 + p_2$$

Mit dem Überdruck $\Delta p = p_2 - p_1$ erhalten wir:

$$\frac{\rho}{2} v_1^2 = \frac{\rho}{2} v_2^2 + \Delta p$$

Um v_2 zu erhalten, nutzen wir die Kontinuitätsgleichung:

$$A_1 v_1 = A_2 v_2$$
$$d_1^2 v_1 = d_2^2 v_2$$
$$v_2 = \frac{d_1^2}{d_2^2} v_1$$

Einsetzen in die Bernoulli-Gleichung liefert:

$$\frac{\rho}{2} v_1^2 = \frac{\rho}{2} \frac{d_1^4}{d_2^4} v_1^2 + \Delta p$$

Umstellen nach v_1 liefert:

$$v_1 = \sqrt{(\frac{2\Delta p}{\rho(1 - (\frac{d_1^4}{d_2^4})})} = \sqrt{(\frac{2 \cdot 500.000\,\text{Pa}}{997\,\text{kg/m}^3 \cdot (1 - (\frac{(0,05\,\text{m})^4}{(0,1\,\text{m})^4})})} = 32,7\,\text{m/s}$$

Damit kann der Strom berechnet werden:

$$I = A v_1 = \frac{\pi}{4} d_1^2 v_1 = \frac{\pi}{4} \cdot (0,05\,\text{m})^2 \cdot 32,7\,\text{m/s} = 0,064\,\text{m}^3/\text{s} = 64\,\text{l/s}$$

11.2.6 Kap. 6

1. Die Längenausdehnung wird berechnet mit:

$$\Delta l = \alpha l_0 \Delta T$$

Damit erhalten wir für

a. Aluminiumstange:

$$\Delta l = 28,1 \cdot 10^{-6}\,\text{K}^{-1} \cdot 10\,\text{m} \cdot (80°\text{C} - (-20°\text{C})) = 28,1\,\text{mm}$$

b. Eisenstange:

$$\Delta l = 11,9 \cdot 10^{-6}\,\text{K}^{-1} \cdot 10\,\text{m} \cdot (80°\text{C} - (-20°\text{C})) = 11,9\,\text{mm}$$

c. Glasstange:

$$\Delta l = 9 \cdot 10^{-6}\,\text{K}^{-1} \cdot 10\,\text{m} \cdot (80°\text{C} - (-20°\text{C})) = 9\,\text{mm}$$

2. Die Wärmemenge wird berechnet mit:

$$\Delta Q = mc\Delta T = 3\,\text{kg} \cdot 4,182\,\text{kJ/(kg} \cdot \text{K)} \cdot (90°\text{C} - 20°\text{C}) = 878,22\,\text{kJ}$$

3. Die Leistung ist definiert als die Arbeit pro Zeit bzw. als die Energieänderung pro Zeit. Die Energieänderung ist in diesem Fall die Wärmemenge und somit ergibt sich:

$$P = \frac{\Delta Q}{\Delta t} = 100\,\text{W}$$

Die gesuchte Zeit ist damit:

$$\Delta t = \frac{\Delta Q}{P} = \frac{mc\Delta T}{P} = \frac{1\,\text{kg} \cdot 4{,}182\,\text{kJ/(kg} \cdot \text{K)} \cdot (100°\text{C} - 10°\text{C})}{100\,\text{W}} = 3{,}76\,\text{s}$$

4. Bei einer isothermen Zustandsänderung ist bei Gasen das Produkt aus Druck und Volumen konstant:

$$p_1 V_1 = p_2 V_2$$

Damit ergibt sich für den Druck nach der Kompression:

$$p_2 = p_1 \frac{V_1}{V_2} = 105.000\,\text{Pa} \cdot \frac{4\,\text{m}^3}{1\,\text{m}^3} = 420\,\text{kPa}$$

5. Die Zustandsänderung ist gegeben mit:

$$p_1 V_1 = p_2 V_2$$

Damit kann das gesuchte Volumen berechnet werden:

$$V_2 = V_1 \frac{p_1}{p_2} = 100\,\text{m}^3 \cdot \frac{960.000\,\text{Pa}}{1030\,\text{Pa}} = 932\,\text{m}^3$$

11.2.7 Kap. 7

1. Die Kapazität im Plattenkondensator ohne Dielektrikum ist gegeben durch:

$$C = \varepsilon_0 \frac{A}{d} = 8.854 \cdot 10^{-12}\,\text{F/m} \cdot \frac{\pi \cdot (0{,}1\,\text{m})^2}{0{,}02\,\text{m}} = 1{,}4 \cdot 10^{-11}\,\text{F}$$

2. Die Spannung in einem Plattenkondensator kann berechnet werden mit:

$$U = E_x d$$

Damit ergibt sich die elektrische Feldstärke zu:

$$E_x = \frac{U}{d} = \frac{5\,\text{V}}{0{,}05\,\text{m}} = 100 \frac{\text{V}}{\text{m}}$$

3. Die potenzielle Energie im elektrischen Feld ist:

$$E_{pot} = Q_P E x = 1602 \cdot 10^{-19}\,\text{C} \cdot 100\,\text{V/m} = 1602 \cdot 10^{-17}\,\text{J}$$

4. a. Für die Reihenschaltung ergibt sich der Gesamtwiderstand zu:

$$R_{ges} = \sum_i R_i = R_1 + R_2 + R_3 + R_4 + R_5 = 1\,\Omega + 5\,\Omega + 3\,\Omega + 1\,\Omega + 2\,\Omega = 12\,\Omega$$

b. Bei der Parallelschaltung gilt:

$$\frac{1}{R_{ges}} = \sum_i \frac{1}{R_i} = \frac{1}{R_1} + \frac{1}{R_2} + \frac{1}{R_3} + \frac{1}{R_4} + \frac{1}{R_5} = \frac{1}{1\,\Omega} + \frac{1}{5\,\Omega} + \frac{1}{3\,\Omega} + \frac{1}{1\,\Omega} + \frac{1}{2\,\Omega} = \frac{91}{30}\,\Omega$$

Der Gesamtwiderstand ergibt sich damit zu:

$$R_{ges} = \frac{30}{91}\,\Omega = 0,33\,\Omega$$

5. In einem Knotenpunkt ist die Summe der zufließenden Ströme gleich der abfließenden Ströme:

$$I_{ges} = \sum_i I_i = 0$$

Deshalb gilt für den gegebenen Knotenpunkt:

$$I_1 - I_2 + I_3 + I_4 + I_5 = 0$$

Wenn wir nach I_1 umstellen, erhalten wir:

$$I_1 = I_2 - I_3 - I_4 - I_5 = 60\,\text{mA} - 10\,\text{mA} - 30\,\text{mA} - 5\,\text{mA} = 15\,\text{mA}$$

11.2.8 Kap. 8

1. Die magnetische Kraft ist gegeben mit:

$$F_B = Q v B = 1602 \cdot 10^{-19}\,\text{C} \cdot 2 \cdot 10^5\,\text{m/s} \cdot 3\,\text{T} = 9,6 \cdot 10^{-14}\,\text{N}$$

2. Der Kreisradius ist:

$$r = \frac{mv}{QB} = \frac{1,67262192369 \cdot 10^{-27}\,\text{kg} \cdot 2 \cdot 10^9\,\text{m/s}}{1602 \cdot 10^{-19}\,\text{C} \cdot 1\,\text{T}} = 20,88\,\text{m}$$

3. Die induzierte Spannung kann berechnet werden mit:

$$U_{ind} = -v B l = -2\,\frac{\text{m}}{\text{s}} \cdot 1\,\text{T} \cdot 0,1\,\text{m} = -0,2\,\text{V}$$

4. Die zeitliche Stromänderung ist gegeben mit:

$$\frac{dI}{dt} = 10\,\text{A/s}$$

Die induzierte Spannung wird berechnet mit:

$$U_{ind} = -L\frac{dI}{dt} = -2\,\text{H} \cdot 10\,\text{A/s} = -20\,\text{V}$$

5. Die induzierte Spannung durch Bewegungsinduktion wird berechnet mit:

$$U_{ind} = N\omega \sin(\omega t)BA = 10 \cdot 20\,\text{s}^{-1} \cdot \sin(20\,\text{s}^{-1} \cdot 10\,\text{s}) \cdot 1\,\text{T} \cdot 2\,\text{m}^2 = 200\,\text{V}$$

11.2.9 Kap. 9

1. Die Geschwindigkeit einer harmonischen Schwingung ist:

$$v = -\omega\hat{u}\sin(\omega t + \phi) = -3\,\text{s}^{-1} \cdot 5\,\text{m} \cdot \sin(3\,\text{s}^{-1} \cdot 20\,\text{s} + 0) = -13\,\text{m/s}$$

2. Die Beschleunigung einer harmonischen Schwingung ist:

$$a = -\omega^2 u$$

Da wir die maximale Beschleunigung suchen, müssen wir auch die maximale Auslenkung einsetzen. Es gilt deshalb:

$$\hat{a} = -\omega^2\hat{u} = -(20\,\text{s}^{-1})^2 \cdot 1\,\text{m} = -400\,\text{m/s}^2$$

3. Die Gesamtenergie wird berechnet mit:

$$E_{hs} = k\hat{x}^2 = 0{,}5\frac{\text{N}}{\text{cm}} \cdot (0{,}2\,\text{cm})^2 = 0{,}02\,\text{J}$$

4. Die Zeit wird mit der Kreisfrequenz in eine Phase umgewandelt:

$$\Phi = \omega t = \frac{2\pi}{T}t = \frac{2\pi}{2\,\text{s}} \cdot 10\,\text{s} = 31{,}4$$

5. Aus einem Tabellenbuch finden wir den Adiabatenexponenten für Helium $\kappa = 1{,}67$ und die Gaskonstante $R_m = 8{,}314\,\text{kg} \cdot \text{m}^2/\text{s}^2 \cdot \text{mol} \cdot \text{K}$ sowie die molare Masse $M = 0{,}004003\,\text{kg/mol}$. Die Temperatur müssen wir noch in Kelvin umrechnen und erhalten $T = 293{,}15\,\text{K}$. Die Schallgeschwindigkeit ergibt sich damit zu:

$$v = \sqrt{\kappa\frac{R_m T}{M}} = \sqrt{1{,}67 \cdot \frac{8{,}314\,\text{kg} \cdot \text{m}^2/\text{s}^2 \cdot \text{mol} \cdot \text{K} \cdot 293{,}15\,\text{K}}{0{,}004003\,\text{kg/mol}}} = 1008{,}4\frac{\text{m}}{\text{s}}$$

11.2.10 Kap. 10

1. Für den Grenzwinkel gilt:

$$\sin(\alpha_g) = \frac{n_2}{n_1}$$

Damit kann der Grenzwinkel berechnet werden mit:

$$\alpha_g = \sin^{-1}\left(\frac{n_2}{n_1}\right) = \sin^{-1}\left(\frac{1}{1{,}6128}\right) = 38{,}3°$$

2. Der Weg wird mit der Wellenzahl in eine Phase umgewandelt:

$$\Phi = kx = \frac{2\pi}{\lambda}x = \frac{2\pi}{2\,\text{m}} \cdot 10\,\text{m} = 31{,}4$$

3. Die Photonenenergie wird berechnet mit:

$$E = h\frac{c_0}{\lambda} = 6.62.607.015 \cdot 10^{-34}\,\text{Js} \cdot \frac{299.792.458\,\text{m/s}}{500 \cdot 10^{-9}\,\text{m}} = 4 \cdot 10^{-19}\,\text{J}$$

4. Es gilt die Näherung:

$$\Delta s \approx b\frac{x}{d}$$

Für das erste Maximum, also dem ersten hellen Streifen, gilt:

$$\Delta s = i\lambda = 1 \cdot \lambda = \lambda$$

Damit ergibt sich:

$$b = \frac{d\lambda}{x} = \frac{4\,\text{m} \cdot 600 \cdot 10^{-9}\,\text{m}}{5 \cdot 10^{-3}\,\text{m}} = 4{,}8 \cdot 10^{-4}\,\text{m}$$

5. Die Brechkraft wird berechnet mit:

$$D = \frac{1}{f} = \frac{1}{3 \cdot 10^{-2}\,\text{m}} = 33{,}33\,\text{dpt}$$

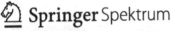

Printed in the United States
By Bookmasters